5
1972

Faserforschung und Textiltechnik

WISSENSCHAFTLICH-TECHNISCHE ZEITSCHRIFT FÜR DIE CHEMIEFASER- UND TEXTILINDUSTRIE

BEGRUNDET VON
ERICH CORRENS UND WALTER FRENZEL

HERAUSGEGEBEN VON ERICH CORRENS
WOLFGANG BOBETH – HANS BÖHRINGER – HERMANN KLARE
BURKART PHILIPP – CHRISTIAN RUSCHER

SCHRIFTLEITER J. BRÄMER UND I. RUSCHER

AUS DEM INHALT

AKADEMIE-VERLAG BERLIN

Faserforsch. u. Textiltechnik • 23. Jahrg. • Heft 5 • Seiten 187–234 • Berlin im Mai 1972
FSTXA7 23 (5) 187–234 (1972)
Preis: 15,– M • Sonderpreis DDR: 9,– M

DK 677.1/.5:677.014.87:677.017.285:
677.017.63:539.217.1:531.731.43:546.49

Paul, Dieter, und *Bartsch, Dieter*

Bestimmung von Hohlräumen in Fasern durch Quecksilberporosimetrie

Faserforsch. u. Textiltechnik **23** (1972) 5, S. 187—191, 5 Abb., 2 Tab., 17 Lit.

Die Quecksilberporosimetrie erlaubt die quantitative Erfassung von Hohlraumvolumina und Hohlraumdurchmessern sowie deren Verteilung in Fasermaterial. Als Relativmethode ist sie geeignet, einen Überblick über den morphologischen Aufbau des Untersuchungsgegenstandes zu geben. Grundlagen zu Randbedingungen der Methode werden erläutert. Anhand von Anwendungsbeispielen werden die Ergebnisse der Methode diskutiert.

DK 677.463.021.315:677.463.021.32:677.463.021.22:542.943.3

Dautzenberg, Horst, Philipp, Burkart, nnd *Schumann, Jürgen*

Zum Einfluß des Luftsauerstoffs auf die Änderung der chemischen Zusammensetzung von Viskosen während des Nachreifeprozesses

Faserforsch. u. Textiltechnik **23** (1972) 5, S. 192—198, 8 Abb., 4 Tab., 25 Lit.

Anhand des Gehaltes an CS_4'', S_2O_3'' und mit cyanidabspaltbarem Schwefel wurden die oxydativen Veränderungen der Viskosenebenprodukte während der Nachreife verfolgt, wobei ein Luftzutritt des in der Technik möglichen Ausmaßes von untergeordneter Bedeutung auf den Reaktionsablauf war. Während der Luftzutritt bei der Xanthogenierung zu einem erhöhten Gehalt an diesen Oxydationsprodukten führte, ließ sich deren Bildung auch durch weitgehenden Sauerstoffausschluß (Emulsionsxanthogenierung) nicht vermeiden, da das eingesetzte Cellulosematerial selbst entscheidend zur Oxydation der Nebenprodukte beitrug.

DK 678.6/.7:677.021.125.27:548.517:535.343−15
677.014.86

Danz, Rudi, und *Dechant, Johannes*

Ultrarotspektroskopische Untersuchungen an Polymeren bei erhöhten Temperaturen

Faserforsch. u. Textiltechnik **23** (1972) 5, S. 199—204, 6 Abb., 48 Lit.

Ultrarotspektroskopische Messungen bei erhöhten Temperaturen eignen sich zur Aufklärung der Polymerstruktur und zur Untersuchung der für die Faserherstellung wichtigen Kristallisationskinetik beim Verfestigen der Schmelze. Sie können weiter zur Kontrolle des Ablaufs chemischer Reaktionen bei hohen Temperaturen angewendet werden. Es wurde eine Vakuum-Temperierküvette konstruiert, mit deren Hilfe man Polymerproben im Temperaturbereich von 20 bis 300 °C temperieren und gleichzeitig die Spektren registrieren kann.

DK 678.674'524'420:542.929.4:66.094.38:678.048
547.558.1

Woinowa, S., Dimitrow, D. Stanew, S., Mintschewa, W., und *Angelowa, A.*

Stabilitätserhöhung des Polyäthylenterephthalats durch stabilisierende Zusätze aus Phosphorigsäureestern.

Faserforsch. u. Textiltechnik **23** (1972) 5, S. 205—207, 6 Abb., 2 Tab., 7 Lit.

Die vielfältige Anwendung des Polyäthylenterephthalats (PÄT) zur Faserstoffherstellung erfordert eine hohe Stabilität dieses Polyesters gegen thermooxydativen Abbau. In der Arbeit wird die stabilisierende Wirkung von Triphenylphosphit und von handelsüblichen gemischten Alkylarylphosphiten im Vergleich zu der bisher benutzten Phosphorsäure untersucht.

DK 678.675'126:678.012.4:543.241.2:532.133.66.095.26−93

Holy, Gerhard, und *Hannes, Erika*

Einfluß der Herstellungsbedingungen auf die Lösungsviskosität und die Aminoendgruppenkonzentration von Polyamid 6

Faserforsch. u. Textiltechnik **23** (1972) 5, S. 208—212, 4 Abb., 2 Tab., 7 Lit.

Bei Untersuchungen über die auftretenden Schwankungen der Viskosität und der Anzahl der Aminoendgruppen an Polyamiden aus VK-Rohren wurde gefunden, daß die Durchsatzzeit einen wesentlichen Einfluß auf die Gleichmäßigkeit des Polykondensates ausübt. In Autoklaven hergestelltes Polyamid 6 zeigt nur geringe Änderungen der Viskosität und der Anzahl der Aminoendgruppen in Abhängigkeit von der Verweilzeit. Die Stufen Extraktion und Trocknung sind ohne bemerkenswerten Einfluß auf Lösungsviskosität und Aminoendgruppenkonzentration.

DK 678.745.32-13:677.494.745.32:677.842.3:677.016.47:677.014.413.6

von Hornuff, Günther, Hirsch, Gerhard, und *Schiffner, Rudolf*

Die Lichtechtheit der mit kationischen Farbstoffen gefärbten Polyacrylnitrilfaserstoffe in Abhängigkeit von der Copolymerzusammensetzung und den Erspinnungsbedingungen

Faserforsch. u. Textiltechnik **23** (1972) 5, S. 212—219, 10 Tab., 8 Lit.

Versuchs- und Handelspolyacrylnitrilfaserstoffe, deren chemische Zusammensetzung und Erspinnungsbedingungen bekannt sind, wurden mit kationischen Farbstoffen gefärbt und in Xenotest-Apparaten belichtet. Die Untersuchungen ergaben eine Abhängigkeit der Lichtechtheit von den Erspinnungsbedingungen und dem chemischen Charakter der gefärbten Fasern.

DK 677.01:677.865.3:678.026.3:[678.029.5:677]

Auerbach, Dieter

Prüfung von Kurzfasern für das elektrostatische Beflocken

Faserforsch. u. Textiltechnik **23** (1972) 5, S. 220—226, 10 Abb., 7 Lit.

Ausgehend von theoretischen Untersuchungen typischer Vorgänge beim elektrostatischen Beschichten konnten eine Reihe von Prüf- und Testverfahren zur Bestimmung der Eignung von Kurzfasern für den elektrostatischen Auftrag erarbeitet, praktisch erprobt und die notwendigen Übereinstimmungen zwischen Test- und Beschichtungsergebnis erzielt werden.

Die Zeitschrift „Faserforschung und Textiltechnik" erscheint monatlich in Heften zu 48 Textseiten im Format A 4. Der Preis für das Einzelheft beträgt M 15,– (Sonderpreis für DDR M 9,–), für den Vierteljahrbezug M 45,– (Sonderpreis für DDR M 27,–), zuzügl. Bestellgeld. Die Berechnung erfolgt zu Beginn eines Vierteljahrs für 3 Hefte. Bestellungen aus dem Gebiet der Deutschen Demokratischen Republik an ein Postamt, eine Buchhandlung oder den Verlag, aus der Deutschen Bundesrepublik an eine Buchhandlung oder die Auslieferungsstelle Kunst und Wissen, Erich Bieber, 7 Stuttgart 1, Wilhelmstraße 4–6, aus dem Ausland an eine Importbuchhandlung, den Deutschen Buch-Export und -Import GmbH., 701 Leipzig, Postschließfach 276, oder den Akademie-Verlag GmbH., 108 Berlin, Leipziger Str. 3–4 (Fernruf: 220441; Telex-Nr. 0112020; Postscheckkonto 35021) erbeten. Bestellnummer dieses Heftes: 1014/23/5. Alleinige Anzeigenannahme DEWAG-WERBUNG, 1054 Berlin, Wilhelm-Piek-Str. 49, und alle DEWAG-Betriebe in den Bezirksstädten der DDR. – Bestellungen in der UdSSR nehmen entgegen: Städtische Abteilungen von „SOJUZPECHATJ" bzw. Postämter und Postkontore.

Herausgeber und verantwortlich für den Inhalt: Prof. Dr. Erich Correns, Institut für Faserstoff-Forschung der Deutschen Akademie der Wissenschaften zu Berlin, 153 Teltow-Seehof, Fernruf: Teltow 4831; Prof. Dr.-Ing. habil. Wolfgang Bobeth, Institut für Technologie der Fasern der Deutschen Akademie der Wissenschaften zu Berlin, 801 Dresden, Hohe Str. 6, Fernruf: 44721; Prof. Dr.-Ing. Hans Böhringer, Institut für Textiltechnologie der Chemiefasern Rudolstadt, Fernruf: Rudolstadt 2031; Prof. Dr. Hermann Klare, Prof. Dr. habil. Burkart Philipp und Dr. habil. Christian Ruscher, Institut für Faserstoff-Forschung der Deutschen Akademie der Wissenschaften zu Berlin, 153 Teltow-Seehof, Fernruf: Teltow 4831. Schriftleiter: Joachim Brämer und Dipl.-Chem. Ingeborg Ruscher, 153 Teltow-Seehof, Kantstr. 55. Verlag: Akademie-Verlag GmbH., 108 Berlin, Leipziger Str. 3–4. Satz und Druck: Druckhaus „Maxim Gorki", 74 Altenburg. – Veröffentlicht unter der Lizenznummer 1280 des Presseamtes beim Vorsitzenden des Ministerrates der Deutschen Demokratischen Republik.

Faserforschung und Textiltechnik

WISSENSCHAFTLICH-TECHNISCHE ZEITSCHRIFT FÜR DIE CHEMIEFASER- UND TEXTILINDUSTRIE

Band 23 Mai 1972 Heft 5

Bestimmung von Hohlräumen in Fasern durch Quecksilberporosimetrie

Dieter Paul und Dieter Bartsch

Deutsche Akademie der Wissenschaften zu Berlin, Institut für Faserstoff-Forschung in Teltow-Seehof

DK 677.1/.5:677.014.87:677.017.285:677.017.63:539.217.1:531.731.43:546.49

Die Quecksilberporosimetrie erlaubt die quantitative Erfassung von Hohlraumvolumina und Hohlraumdurchmessern sowie deren Verteilung in Fasermaterial. Als Relativmethode ist sie geeignet, einen Überblick über den morphologischen Aufbau des Untersuchungsgegenstandes zu geben. Grundlagen und Randbedingungen der Methode werden erläutert. Anhand von Anwendungsbeispielen werden die Ergebnisse der Methode diskutiert.

Определение пор в волокнах при применении метода измерения пористости путем продавливания ртути

Измерение пористости путем продавливания ртути позволяет провести количественное определение объема и диаметра пор, а также их распределения в волокнистых материалах. В качестве сравнительного метода этот метод пригоден для получения общего впечатления о морфологической структуре изучаемого объекта. Объяснены основы применимости данного метода и, на отдельных примерах, обсуждены полученные данные.

Determination of Voids in Fibres by Mercury Porosimetry

Mercury porosimetry allows the quantitative determination of volume, diameter and distribution of voids in fibres. It can be considered a comparative method for establishing the morphology of the sample investigated. The principles and conditions of application of this method are explained and the results obtained by examples of application are discussed.

1. *Einführung*

Fasern zeigen je nach den Bedingungen der Herstellung ein differenziertes morphologisches Bild. Davon geben elektronenmikroskopische Aufnahmen einen optischen Eindruck [4, 6]. Der strukturelle Aufbau der Fasern ist von entscheidender Bedeutung für ihre textilen Eigenschaften. Es ist deshalb erforderlich, rasch und zuverlässig Aussagen über das innere Erscheinungsbild der Fasern zu erlangen. Zur Erfassung der Hohlraumstruktur in Fasern sind die Dichtemessung, Mikroskopie, Gasadsorption, Flüssigkeitsabsorption, Feststoffaufnahme, Röntgenkleinwinkelstreuung und Quecksilberporosimetrie geeignet.

Nachfolgend soll die Methode der Quecksilberporosimetrie in ihren Grundlagen und ihrer Anwendung dargestellt und kritisch eingeschätzt werden.

2. *Grundlagen der Quecksilberporosimetrie*

2.1. *Methode*

Kennzeichnend für die Quecksilberporosimetrie ist das Eindringen von Quecksilber in das Hohlraumsystem des Untersuchungsgegenstandes. Wegen der Unbenetzbarkeit der Oberfläche der meisten Festkörper durch Quecksilber ist es nur durch Druckerhöhung möglich, das Quecksilber in immer kleinere Hohlräume eindringen zu lassen [17]. Die Menge des eingedrungenen Quecksilbers gibt Auskunft über das Hohlraumvolumen, der aufgewandte Druck erlaubt Rückschlüsse auf den Hohlraumdurchmesser.

Der Elementarvorgang ist durch ein Gleichgewicht der Kräfte K_1 und K_2 charakterisiert: Die Kraft K_1 wirkt mit dem Druck p auf den Hohlraumquerschnitt $D^2\pi/4$. Ihr entgegen wirkt die Kraft K_2, die eine Bedeckung der Hohlraumoberfläche zu verhindern sucht und abhängig von dem Kontaktwinkel α und der Oberflächenspannung σ des Quecksilbers ist:

$$K_1 = p \cdot \frac{D^2\pi}{4} = K_2 = -D \cdot \pi \cdot \sigma \cdot \cos\alpha. \qquad (1)$$

Aus der Gleichung (1) ergibt sich die Beziehung zwischen dem Druck p und dem Hohlraumdurchmesser:

$$p = \frac{-4 \cdot \sigma \cdot \cos\alpha}{D} = \frac{C}{D}. \qquad (2)$$

Da in Abhängigkeit vom aufgewandten Druck p das Volumen des in das Objekt penetrierenden Quecksilbers bestimmt wird, führt die Porosimetrie zu Aussagen über das Gesamthohlraumvolumen innerhalb eines bestimmten Durchmesserbereiches ($V = f(D)$, integrale Hohlraumverteilung) und über die Häufigkeit von Hohlräumen bestimmten Durchmessers ($\Delta V/\Delta D = f(D_m)$, differentielle Hohlraumverteilung). Typische Beispiele für die angeführten Funktionen geben die Bilder 4 und 5.

2.2. *Randbedingungen*

Nach *Drake* [2] gilt die Gleichung (2) auch bei einem Druck bis 60000 psi (1 psi = 0,0703 kp/cm²).

Entsprechend können bei einem Druck von 60000 psi Hohlräume mit einem Eingangsdurchmesser von ca. 0,0035 µm bestimmt werden. Dabei werden von außen zugängliche Hohlräume in der Gestalt zylindrischer Poren vorausgesetzt [5]. Diese Annahme kann jedoch die reale Objektmorphologie nur vereinfachend erfassen. Bei der Ermittlung des Hohlraumvolumens von Objekten mit geringer Strukturstabilität ist es durchaus denkbar, daß abgeschlossene Hohlräume im Objektinnern bei hohem Druck zusammengepreßt werden und ihr Volumen summarisch erfaßt wird. Aussagen über die Verteilung der Hohlräume bestimmten Durchmessers sind abhängig von der Hohlraumform. Bei Hohlräumen mit kleinem Eingangsquerschnitt (Flaschenhalsporen) kann ein gemessenes großes Volumen eine große Hohlraumzahl vortäuschen, in Wirklichkeit aber nur wenigen Hohlräumen zugeordnet sein.

Als Beweis für das Vorliegen der sogenannten Flaschenhalsporen kann das Auftreten einer Hysterese im $V = f(D)$-Diagramm bei Druckbelastung und bei Druckentlastung gewertet werden [13, 16]. Wird eine Probe mehrfacher Druck-

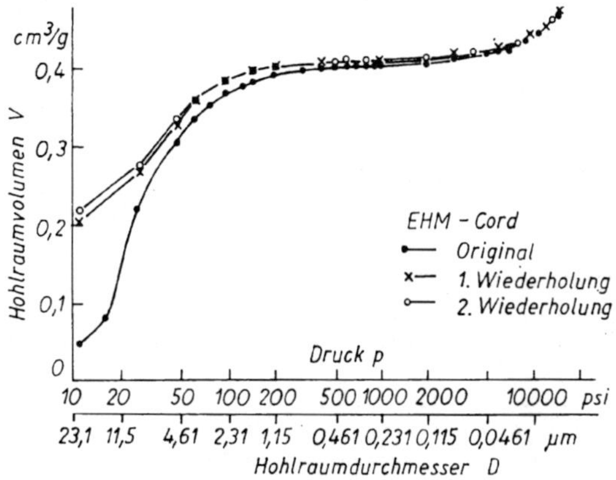

Bild 1. Hysterese bei wiederholter Bestimmung des Hohlraumvolumens von EHM-Cord in Abhängigkeit vom Druck des penetrierenden Quecksilbers

belastung, verbunden mit dem Penetrieren von Quecksilber, ausgesetzt, so werden im Bereich großer Hohlraumdurchmesser erhebliche Volumenverminderungen gemessen (Bild 1). Als Ursache ist das Verbleiben von Quecksilber in großen Hohlräumen nach Beendigung der ersten Druckbelastung anzusehen. Es ist hierbei anzunehmen, daß die erzwungene Hohlraumbenetzung mit Quecksilber irreversibel ist. Nach Versuchen von *Jüntgen* [7] tritt dabei eine Probendeformation nicht auf. Andererseits ist es nicht ausgeschlossen, daß bei dem ersten Eindringen von Quecksilber in ein Material unter Druck eine bleibende Verformung erreicht wird [11, 13].

Die Bestimmung des gesamten Hohlraumvolumens im Bereich der Hohlraumdurchmesser ab ca. ≤ 20 μm, d. h. ab Normaldruck, führt zu unterschiedlichen Ergebnissen. Ein besonders großes, aber veränderliches Volumen wird für Makrohohlräume mit einem Durchmesser zwischen 20 und 1 μm ermittelt. Solche großen Hohlräume sind jedoch nicht immer objektspezifisch, sondern sind als Oberflächeneffekte zu bezeichnen. Dazu zählen die Oberflächenrauhigkeit und die Körnigkeit von Proben [7] bzw. die Bildung von Hohlräumen durch sich überkreuzende Fasern. Es ist deshalb vorteilhaft, das Gesamthohlraumvolumen für Hohlräume mit einem Durchmesser < 1 μm zu bestimmen. Das gemessene Hohlraumvolumen ist abhängig von der Faserlänge. Eine Verringerung der Faserlänge führt zu höheren Volumina und ist durch eine verbesserte Zugänglichkeit zu erklären.

Tabelle 1. Materialspezifische Kontaktwinkel gegenüber Quecksilber

Material	Kontaktwinkel	C
	130°	175
Polymethacrylat Glas, Quarz, C	131°	178
Chlorkautschuk Polyacrylnitril Acetylcellulose	137°	203
Polyamid	140°	213
unmodifizierte Viskose Polystyrol	142°	219
Polyäthylen	143°	222
modifizierte Viskose	145°	228
Zellglas	146°	231
Polytetrafluoräthylen	154°	249

Für die Bestimmung der Hohlraumdurchmesser ist die Kenntnis des materialspezifischen Kontaktwinkels unerläßlich. Angaben über Hohlraumvolumina von verschiedenen Fasertypen, deren Berechnung ein gleicher Kontaktwinkel zugrunde gelegt wird, sind nicht relevant [11].

Experimentell ermittelte Werte schwanken zwischen 131 und 154° (s. Tabelle 1). Gleicher Druck vorausgesetzt, können bei einem Kontaktwinkel von 131° nach Gleichung (2) noch Poren erfaßt werden, die einen 71,5% kleineren Eingangsquerschnitt haben als bei einem Kontaktwinkel von 154° als Berechnungsgrundlage.

Für die Oberflächenspannung σ von reinem Quecksilber werden nach *Sacharov* [15] Werte zwischen 410 und 515 dyn/cm² erhalten; allgemein werden den Berechnungen 480 dyn/cm² zugrunde gelegt.

Neben diesen materialspezifischen sind jedoch auch die methodenspezifischen Randbedingungen kritisch zu beachten. Die Gleichung (2) als Kapillaritätsgesetz ist eine Abwandlung der für den Gleichgewichtszustand bei niedrigster freier Oberflächenenergie geltenden *Laplace*-Gleichung [3]. Sie gilt für zylindrische Hohlräume mit definiertem Querschnitt. Da eine solche Geometrie in Probenkörpern selten vorliegt, sind die durch die Quecksilberporosimetrie ermittelten Hohlraumdurchmesser, die sich stets auf den Eingangsquerschnitt beziehen, besser als „äquivalente Hohlraumdurchmesser" zu bezeichnen. Unter der Annahme, daß die Gleichung (2) auch bei hohen Drücken gilt [2], sind trotzdem Volumenkorrekturen durch die Kompressibilität des Quecksilbers unerläßlich. Diese sind tabelliert [1]. Über die Änderung der Oberflächenspannung sowie des Kontaktwinkels des Quecksilbers unter Druckeinfluß liegen keine experimentellen Daten vor.

Die Randbedingungen der Methode der Quecksilberporosimetrie schränken nicht die Anwendbarkeit ein, zeigen aber die Grenzen bei der Interpretation der erhaltenen Ergebnisse. Als sehr zuverlässig ist das Verfahren anzusehen, wenn in Relativvergleichen Aussagen über die morphologischen Veränderungen eines Materials gewonnen werden sollen.

3. *Versuchsparameter*

Die zu untersuchenden Fasern werden auf eine Länge von 40 mm geschnitten. Die Konditionierung der Proben erfolgt in 24 h bei 10^{-2} Torr über P_2O_5. Für die porosimetrischen

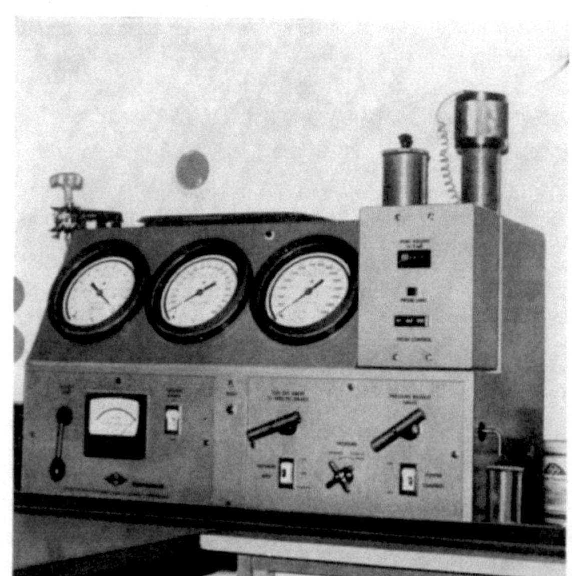

Bild 2. Quecksilberporosimeter bis 15000 psi der Fa. Aminco, Silver Spring (USA)

Messungen werden stets 100 mg Faser in einem Penetrometer eingewogen (Glasröhrchen mit graduiertem Kapillarschaft, Gesamtvolumen 6 ml, Volumen der Kapillare 0,2 ml). In einem Hochvakuumpumpstand wird das Penetrometer auf $5 \cdot 10^{-5}$ Torr für 20 min evakuiert und anschließend mit reinem Quecksilber gefüllt. Das so vorbereitete Penetrometer wird dann vorsichtig senkrecht in das Druckgefäß des Porosimeters eingebracht. Zur Hohlraumbestimmung wird ein Gerät der Fa. Aminco Winslow (Silver Spring, USA) vom Typ 5-7121 B (Bild 2) verwendet.

Das Drucksystem des Porosimeters ist mit iso-Propanol als Arbeitsflüssigkeit vollständig gefüllt. Durch ein von Hand betätigtes Ventil kann der Flüssigkeitsdruck stufenweise bis 15000 psi (entspr. ca. 1055 at) erhöht werden. Die Volumenänderung im Penetrometer wird durch ein Zählwerk direkt angegeben. Aus den Druck- und Volumendaten werden nach einem entsprechenden Rechenprogramm mit einem Kleinrechner SER 2d (VEB Sömtron, Sömmerda) die Werte für die Funktionen $V = f(D)$ und $\Delta V/\Delta D = f(D_m)$ ermittelt (Bild 3). Das gemessene Hohlraumvolumen im Druckbereich von 14,2 psi bis 300 psi — das entspricht bei einem Kontaktwinkel von 140° einem Hohlraumdurchmesser von 17,6 µm bis 0,7 µm — wird als faserfremdes Hohlraumvolumen betrachtet und zur Charakterisierung des Hohlraumes in den Fasern nicht herangezogen.

p psi	D µm	$V \cdot 10^4$ cm³	V cm³/g	ΔV cm³/g	ΔV/ΔD cm³/g µm	D_m µm
12,0	14,83333	20	0,04032			
17,0	10,47059	20	0,04032	0,00000	0,00000-	12,65196
22,0	8,09091	20	0,04032	0,00000	0,00000-	9,28075
27,0	6,59259	20	0,04032	0,00000	0,00000-	7,34175
37,0	4,81081	20	0,04032	0,00000	0,00000-	5,70170
47,0	3,78723	20	0,04032	0,00000	0,00000-	4,29902
57,0	3,12281	20	0,04032	0,00000	0,00000-	3,45502
67,0	2,65672	20	0,04032	0,00000	0,00000-	2,88977
87,0	2,04598	20	0,04032	0,00000	0,00000-	2,35135
107,0	1,66355	20	0,04032	0,00000	0,00000-	1,85477
127,0	1,40157	20	0,04032	0,00000	0,00000-	1,53256
147,0	1,21088	20	0,04032	0,00000	0,00000-	1,30623
197,0	0,90355	20	0,04032	0,00000	0,00000-	1,05722
247,0	0,72065	20	0,04032	0,00000	0,00000-	0,81210
300,0	0,59333	114	0,22982	0,18950	1,48838-	0,65699
400,0	0,44500	114	0,22982	0,00000	0,00000-	0,51917
500,0	0,35600	114	0,22982	0,00000	0,00000-	0,40050
600,0	0,29667	114	0,22982	0,00000	0,00000-	0,32634
700,0	0,25429	114	0,22982	0,00000	0,00000-	0,27548
800,0	0,22250	114	0,22982	0,00000	0,00000-	0,23840
900,0	0,19778	114	0,22982	0,00000	0,00000-	0,21014
1000,0	0,17800	114	0,22982	0,00000	0,00000-	0,18789
1500,0	0,11867	114	0,22982	0,00000	0,00000-	0,14834
2000,0	0,08900	116	0,23386	0,00404	0,13616-	0,10384
2500,0	0,07120	116	0,23386	0,00000	0,00000-	0,08010
3000,0	0,05933	119	0,23990	0,00604	0,50885-	0,06527
3500,0	0,05086	120	0,24192	0,00202	0,23849-	0,05510
4000,0	0,04450	123	0,24797	0,00605	0,95126-	0,04768
4500,0	0,03956	125	0,25200	0,00403	0,81579-	0,04203
5000,0	0,03560	125	0,25200	0,00000	0,00000-	0,03758
5500,0	0,03236	131	0,26410	0,01210	3,73457-	0,03398
6000,0	0,02967	133	0,26813	0,00403	1,49814-	0,03102
6500,0	0,02738	165	0,33264	0,06451	28,17031-	0,02853
7000,0	0,02543	249	0,50198	0,16934	86,84103-	0,02641
7500,0	0,02373	342	0,68947	0,18749	110,28824-	0,02458
8000,0	0,02225	626	1,26202	0,57255	386,85811-	0,02299
8500,0	0,02094	675	1,36080	0,09878	75,40458-	0,02160
9000,0	0,01978	680	1,37088	0,01008	8,68966-	0,02036
9500,0	0,01874	682	1,37491	0,00403	3,87500-	0,01926
10000,0	0,01780	684	1,37894	0,00403	4,28723-	0,01827
10500,0	0,01695	686	1,38298	0,00404	4,75294-	0,01738
11000,0	0,01618	687	1,38499	0,00201	2,61039-	0,01657
11500,0	0,01548	687	1,38499	0,00000	0,00000-	0,01583
12000,0	0,01483	688	1,38701	0,00202	3,10769-	0,01516
12500,0	0,01424	689	1,38902	0,00201	3,40678-	0,01454
13000,0	0,01369	690	1,39104	0,00202	3,67273-	0,01397
13500,0	0,01319	691	1,39306	0,00202	4,04000-	0,01344
14000,0	0,01271	693	1,39709	0,00403	8,39583-	0,01295
14500,0	0,01228	700	1,41120	0,01411	32,81395-	0,01250
15000,0	0,01187	702	1,41523	0,00403	9,82927-	0,01208

Bild 3. Rechnerausdruck am SER 2d nach dem von *B. Schilling* im IFF aufgestellten Programm zur Hohlraumbestimmung durch die Quecksilberporosimetrie

4. *Anwendung*

Die Hohlraumstruktur der Fasern ändert sich mit deren Herstellungsphasen; sie spielt eine wichtige Rolle bei verschiedenen Behandlungsverfahren, wie Aufnahme von Präparationsmitteln, Färben und Quellung. In der Literatur sind deshalb mehrfach Aussagen über die Fasermorphologie anhand der Quecksilberporosimetrie gemacht worden, wobei eine Korrelation mit den Ergebnissen anderer Methoden nachweisbar war.

Hier sollen Ergebnisse eigener Untersuchungen mit Literaturdaten verglichen und diskutiert werden. Die Bestimmung des Hohlraumvolumens erfolgte im Bereich der Hohlraumdurchmesser von 0,015 bis 0,74 bzw. 1,1 µm aus der integralen Hohlraumverteilung (Bild 4) mit einem relativen Fehler von 4% bei 10 Messungen. Die erhaltenen Daten sind für verschiedenartige Faserproben in der Tabelle 2 aufgeführt. Da genaue Angaben zu den Versuchsbedingungen in den zitierten Publikationen fehlen, ist ein Vergleich aller Daten untereinander nur beschränkt möglich. Bei gleichen Versuchsbedingungen zeigt sich, daß das Hohlraumvolumen der Fasertypen in folgender Reihe steigt:

Polyester < Polyamid < Polypropylen < Cellulose < Polyacrylnitril.

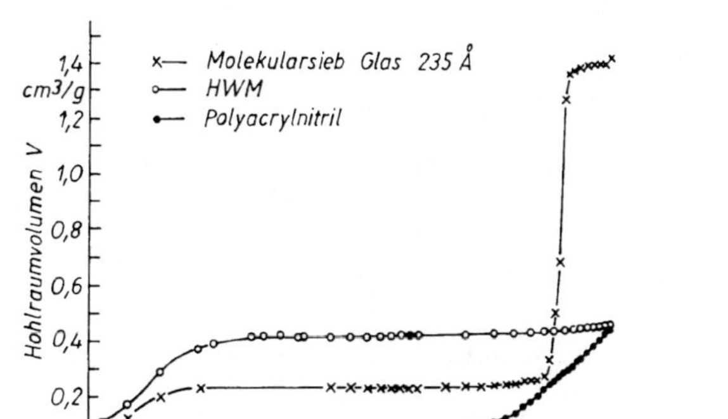

Bild 4. Hohlraumvolumen in Abhängigkeit vom Druck des penetrierenden Quecksilbers (integrale Hohlraumverteilung)

Tabelle 2. Hohlraumvolumen von Fasern

Faserart	Hohlraum-volumen cm^3/g	Hohlraum-durchmesser μm	Bemerkungen	Literatur
Wolle	0,008	> 0,015		[13]
	0,052			[12]
Baumwolle	0,087	> 0,8		[16]
	0,045	> 0,015		[13]
	0,018			[12]
Viskose	0,016	0,3 –0,005		[10]
Zellwolle B	0,045			[16]
Viskoseseide	0,018	> 0,015		[13]
	0,039			[12]
	0,073	1,1 –0,015		
PREZENTA REGAN	0,071	0,74–0,015	Quellwert 115%	
PREZENTA REGAN	0,089	0,74–0,015	Quellwert 105%	
Viskose Wolfen	0,012			[11]
	0,135		in Wasser gequollen	[11]
HIPOLAN	0,011			[11]
LENZING 333	0,007			[11]
	0,073	1,1–0,015		
FORTISAN	0,007	> 0,015		[13]
Modellfaser	0,137	1,1–0,015		
	1,18	1,1–0,015	gefriergetrocknet	
EHM-Cord	0,081	1,1–0,015		
	0,089	1,1–0,015	gefriergetrocknet	
Supercord III	0,029	1,1–0,015	Versuchsfaser	
	0,03	1,1–0,015		
Supercord II	0,031	1,1–0,015		
HWM II	0,079	1,1–0,015		
HWM I	0,072	1,1–0,015		
	0,075	1,1–0,015	nach Reckung	
	0,068	1,1–0,015	nach Fällbad	
Cu-Seide	0,077	1,1–0,015		
Cell-di-acetat	0,018			[16]
Cell-tri-acetat	0,015	> 0,015		[13]
WOLPRYLA 65	0,737		nach Fällbad	[11]
	0,45		nach Reckung	[11]
	0,023		nach Trocknung	[11]
Polyacrylnitril	0,63–1,6		nach Fällbad	[9]
	0,13		n. Reckung u. Trocknung	[9]
	0,351	0,68–0,014		
DRALON	0,016			[11]
DACRON 5960	0,009	> 0,015		[13]
Polyester W	0,002	> 1		[16]
Polypropylen	0,021	> 0,015		[13]
	0,22	0,8–0,01	125% Reckung	[14]
	0,78	0,8–0,01	200% Reckung	[14]
	1,38	0,8–0,01	00% Reckung	[14]
NYLON 700	0,014	> 0,015		[13]
Polyamid 6	0,052	0,7–0,014		

Fasermaterial, erhalten nach einem Trockenspinnprozeß, weist also einen viel kompakteren Aufbau als naßgesponnene Fasern auf.

Interessanter sind Relationen innerhalb einer Materialgruppe. Dabei wird bei Fasern auf Basis Regeneratcellulose erkennbar, daß Supercordfasern ein sehr geringes Hohlraumvolumen besitzen. Dies wird durch elektronenmikroskopische Aufnahmen von Faserultradünnschnitten bestätigt [5]. Ein größeres Hohlraumvolumen weisen EHM-Corde und HWM-Fasern auf. Das sehr locker aufgebaute Cellulosenetz der Modellfaser wird durch einen hohen Meßwert für das Hohlraumvolumen dokumentiert. Gequollene Fasern haben ein bedeutend größeres Hohlraumvolumen, wie Untersuchungen an Viskosefäden aus Wolfen bzw. an der Modellfaser ergeben.

Quellwert und Hohlraumvolumen sind weitestgehend gegenläufig. Versuchsfasern, die nach einer HWM-Technologie ersponnen wurden, haben bei Probenahme nach dem Fällbad ein kleineres Hohlraumvolumen als Fasern, die das Reckbad passiert haben. Mit Hilfe der konventionellen Quellwertmessungen konnte dieser Befund bestätigt werden [8]. Technisch gefertigte Zellwolle ergibt ein entsprechendes Bild. Dies bedeutet: Celluloseregeneratfasern mit geringen Hohlraumvolumen sind in der Lage, in stärkerem Maße als Fasern mit größeren Hohlraumvolumen zu quellen.

Änderungen der Fasermorphologie beim Recken von Synthesefasern deuten die ermittelten Hohlraumvolumina an. Bei einem Elastomer-Polypropylen steigt dabei, ähnlich wie bei Cellulosefasern, das Hohlraumvolumen. Dies wird durch abnehmende Dichte bestätigt [14]. Für WOLPRYLA 65 wird dagegen eine Abnahme des Hohlraumvolumens angegeben. Als eine mögliche Ursache wird eine Veränderung der Hohlraumdurchmesser angeführt, wobei diese verkleinert werden und bei dem Untersuchungsverfahren der Messung nicht mehr zugänglich sind [11].

Bei Ermittlung der Voluminaverteilung hinsichtlich des Durchmessers der Eingangsquerschnitte der Hohlräume (differentielle Hohlraumverteilung) soll ein Molekularsieb als Vergleichssubstanz dienen. Dieses Material hat einen mittleren Hohlraumdurchmesser von 0,0235 μm. In Bild 5 sind die Verteilungskurven für das Molekularsieb sowie eine Cellulosefaser und eine Polyacrylnitrilfaser angegeben. Das Molekularsieb hat ein Hohlraumvolumen von 0,955 cm^3/g, wobei sich dieses fast vollständig auf Hohlräume mit einem Durchmesser von 0,0235 μm bezieht. Bei der untersuchten Polyacrylnitrilfaser steigt bei einem Hohlraumdurchmesser $\leqq$ 0,11 μm der Anteil an Hohlräumen. Die Cellulosefaser (HWM) zeigt erst bei einem Hohlraumdurchmesser $\leqq$ 0,03 μm einen größeren Anteil an Hohlräumen. Dies stimmt auch mit elektronenmikroskopischen Untersuchungen überein [4]. Eine Bestimmung der Hohlraumdurchmesser im Bereich $< 0{,}015$ μm konnte mit der Quecksilberporosimetrie nicht durchgeführt

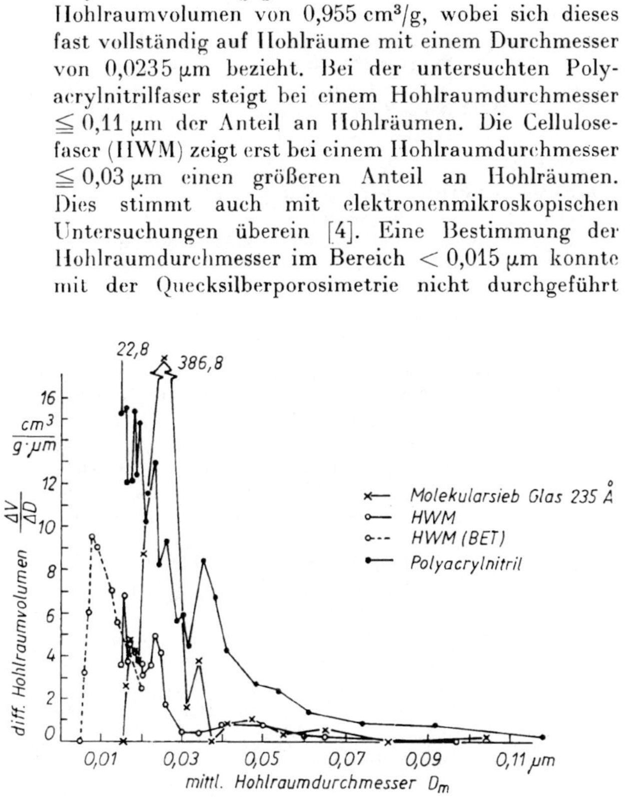

Bild 5. Abhängigkeit des Hohlraumvolumens vom Hohlraumdurchmesser (differentielle Hohlraumverteilung)

werden. Berechnungen aus BET-Daten bestätigen aber, daß ein großer Anteil an Hohlräumen mit einem Durchmesser von 0,003 bis 0,015 μm vorhanden ist.

5. *Zusammenfassung*

Kenntnisse über die Hohlraumstruktur sind von Bedeutung für die chemischen, physikalischen und textiltechnischen Eigenschaften hinsichtlich einer gezielten Anwendung von Polymermaterial. Die Quecksilberporosimetrie erlaubt die quantitative Erfassung von Hohlraumvolumina und Hohlraumdurchmessern sowie deren Verteilung in Fasermaterial. Als Relativmethode ist sie geeignet, einen Überblick über den morphologischen Aufbau des Untersuchungsgegenstandes zu geben.

Frau *E. Goebel*, Frau *L. Leopold* und Herrn *H. Engelbrecht* danken wir für ihre sorgfältige experimentelle Mitarbeit. Für die Ermittlung der BET-Daten gilt unser Dank Herrn Dr. *Hein* vom Zentralinstitut für physikalische Chemie der DAW, Berlin-Adlershof.

6. *Literatur*

[1] *Aminco* Instr. Co. Inc., Druckschrift: Aminco motor-driven 15000 psi digital reddout porosimeter, Silver Spring 1968.
[2] *Drake, L. C.:* Pore-size distribution in porous materials. Ind. engng. Chem. **41** (1949) S. 780—784.
[3] *Dullien, F. A. L.,* und *Batra, V. K.:* Determination of the structure of porous media. Ind. engng. Chem. **62** (1970) S. 25—53.
[4] *Gensrich, H. J.,* und *Gröbe, A.:* Elektronenmikroskopische Untersuchungen an Ultradünnschnitten von Celluloseregeneratfasern. Faserforsch. u. Textiltechnik **20** (1969) S. 118—124.
[5] *Gröbe, A.:* Strukturuntersuchungen an Celluloseregeneratfasern. Chemiefasern **21** (1970) S. 134—140.
[6] *Gröbe, V.,* und *Mann, G.:* Strukturbildung beim Spinnen von Polyacrylnitrillösungen in wäßrige Fällbäder. Faserforsch. u. Textiltechnik **19** (1968) S. 49—55.
[7] *Jüntgen, H.,* und *Schwuger, M.:* Aussagekraft der Quecksilberporosimetrie bei der Charakterisierung poröser Stoffe. Chemie-Ing.-Technik **38** (1966) S. 1271—1278.
[8] *Klare, H.,* und *Gröbe, A.:* Untersuchungen über den Bildungsmechanismus von Viskosefäden in Abwesenheit und bei Gegenwart von Modifikatoren. Österr. Chem. Ztg. **65** (1964) S. 218—230.
[9] *Krasnov, E. P.,* und *Kruglova, G. L.:* Untersuchung der Struktur poröser Polyacrylnitrilfaserstoffe. Faserforsch. u. Textiltechnik **22** (1971) S. 203—209.
[10] *Kubota, K., Doi, T.,* und *Osugi, J.:* Pore volume regenerated cellulose fibers. Sen-i Gakkaishi (J. Soc. Fiber Sci. Technol. Japan) **122** (1966) S. 356—360.
[11] *Langner, K.:* Strukturuntersuchungen an naßgesponnenen Chemiefasern. Dt. Textiltechnik **21** (1971) S. 241—244.
[12] *Meredith, R.,* und *Preston, D. E.* (Hg): Fibre Science. Manchester: Textile Institute 1953, 2. Aufl.
[13] *Quinn, R. G.:* Internal volume in fibers. Textile Res. J. **33** (1963) S. 21—34.
[14] *Quinn, R. G.:* Elastic hard fibers. Vortrag 7. Symposium Synthesefasern, Tidewater-Virginia-Sektion, A. I. Ch. E., Williamsburg, Va., 18. 4. 1970.
[15] *Sacharov, A. J.:* Einige Bemerkungen zur Methode der Quecksilberporosimetrie. Z. fizič. Chimii (J. physik. Chemie) **37** (1963) S. 465—467.
[16] *Wagner, E. F.:* Weitere Untersuchungen über die Porosität von Faseroberflächen nach der Quecksilber-Aufdruckmethode. Z. ges. Textilind. **69** (1967) S. 468—472.
[17] *Washburne, W. W.:* Note on a method of determining the distribution of pore size in a porous material. Proc. Nat. Acad. Sci. **7** (1921) S. 115—121.

Eingegangen am 14. Dezember 1971

Zum Einfluß des Luftsauerstoffs auf die Änderung der chemischen Zusammensetzung von Viskosen während des Nachreifeprozesses

Horst Dautzenberg, Burkart Philipp und Jürgen Schumann

Deutsche Akademie der Wissenschaften zu Berlin, Institut für Faserstoff-Forschung in Teltow-Seehof und VEB Fotochemisches Kombinat Wolfen

DK 677.463.021.315:677.463.021.32:677.463.021.22:542.943.3

Anhand des Gehaltes an CS_4'', S_2O_3'' und mit cyanidabspaltbarem Schwefel wurden die oxydativen Veränderungen der Viskosenebenprodukte während der Nachreife verfolgt, wobei ein Luftzutritt des in der Technik möglichen Ausmaßes von untergeordneter Bedeutung auf den Reaktionsablauf war. Während der Luftzutritt bei der Xanthogenierung zu einem erhöhten Gehalt an diesen Oxydationsprodukten führte, ließ sich deren Bildung auch durch weitgehenden Sauerstoffausschluß (Emulsionsxanthogenierung) nicht vermeiden, da das eingesetzte Cellulosematerial selbst entscheidend zur Oxydation der Nebenprodukte beitrug.

О влиянии кислорода воздуха на изменение химического состава вискозы в процессе созревания

Вызванные окислением изменения побочных продуктов вискозы во время созревания исследовались путем определения содержания CS_4^{--}, $S_2O_3^{--}$ и серы, отщепляемой цианидом. При этом оказалось, что доступ воздуха в количествах, возможных в промышленных условиях, не имеет решающего значения для хода реакции. В то время, как при ксантогенировании доступ воздуха приводит к повышению содержания продуктов окисления, образование их невозможно исключить даже в отсутствие заметных количеств кислорода (эмульсионное ксантогенирование), так как сам целлюлозный материал играет решающую роль в окислении побочных продуктов.

The Effect of Air Oxygen on the Changes in Chemical Composition of Viscoses during the Ripening Process

The oxydation of by-products of the viscose process has been investigated by determining the contents of CS_4'', S_2O_3'', and the sulfur split off by means of cyanides, the effect of air admittet to the system to an extent as usual in technological processes being of minor importance in the reactions involved. While the admittance of air in the xanthogenation process led to an increase in the contents of oxidation products, the formation of these products was not avoided also by essential elimination of oxygen (emulsion xanthation) because the cellulose material used contributed itself to the oxidation of by-products.

1. Einführung

Sowohl das Cellulosexanthogenat als auch die wesentlichsten „Viskosenebenprodukte" Trithiocarbonat und Sulfid können Oxydationsprozessen unterliegen, deren Reaktionsprodukte bei einer späteren sauren Zersetzung der Viskose im technischen Spinnprozeß zu der bekannten Abscheidung von elementarem Schwefel auf dem Celluloseregeneratfaden beitragen. Aus den grundlegenden Arbeiten von *Danilov* u. Mitarb. [1 bis 5] sowie den Publikationen einer Reihe anderer Forscher [6 bis 10] ist bekannt, daß infolge solcher Oxydationsprozesse in technischen Viskosen merkliche Mengen an Perthiocarbonat und/oder Disulfid sowie an Thiosulfat vorliegen. Vor allem von *Danilov* u. Mitarb. [4, 5] wurde anhand präparativer Modelluntersuchungen die Möglichkeit einer Bildung von Cellulosedixanthogenen und deren anschließender Zersetzung, u. a. zu Thioanhydriden, unter Herausspaltung von Schwefelatomen aufgezeigt, ohne daß dabei verbindliche Aussagen zur Bildung solcher Verbindungen beim technischen Viskoseprozeß unter Einfluß des Luftsauerstoffs getroffen wurden. Aufbauend auf den jetzt u. a. durch eigene Arbeiten zu Kinetik und Mechanismus von Umxanthogenierung [11 bis 13] und Nebenproduktbildung [14, 15] erreichten Erkenntnisstand, war es das Ziel der folgenden Versuchsreihen, zu klären, in welchem Umfange die einzelnen Verfahrensstufen Alkalisierung, Sulfidierung und Nachreife zur Bildung von Oxydationsprodukten mit polysulfidisch gebundenem Schwefel beitragen.

2. Versuchsführung und Analysenmethodik

Folgende *Versuchsreihen* wurden durchgeführt:

I. Eine nach dem klassischen Verfahren hergestellte Viskose wurde sowohl ohne Entlüften unter Luftzutritt als auch nach gründlichem Entlüften unter Stickstoff in einem verschlossenen Gefäß gereift.

II. Eine nach dem klassischen Verfahren hergestellte frische Viskose wurde durch Zusätze von destilliertem Wasser auf unterschiedliche Cellulosegehalte verdünnt und der Reifeverlauf jeder Teilcharge sowohl unter Durchleiten von Stickstoff als auch unter Durchleiten von Luft verfolgt.

III. Alkalicellulose wurde sowohl unter Luftzutritt als auch unter Luftausschluß sulfidiert und zu Viskose gelöst. Zum Vergleich wurde eine Emulsionsviskose aus hydrolytisch abgebautem Zellstoff und eine Viskose aus einer Bichromat-Oxycellulose hergestellt. Der Reifeverlauf aller Viskosen wurde unter einem Vakuum von 150 Torr verfolgt (Gasatmosphäre Luft).

Die Herstellung sämtlicher Viskosen erfolgte im Labormaßstab; die Herstellungsbedingungen und die Zusammensetzung sind in Abschnitt 3 jeweils angegeben.

Zur *Verfolgung des Reifeverlaufs* kombinierten wir spektralphotometrische, polarographische und potentiometrische Messungen mit einer Bestimmung des bei saurer Zersetzung freiwerdenden H_2S, CS_2 und COS. Im einzelnen wurden ermittelt:

der γ-Wert nach *Fock* [16] durch Zersetzung der Nebenprodukte mittels CO_2 und anschließende jodometrische Titration;

der CS_3''-Gehalt mittels potentiometrischer Titration mit m/10 $HgCl_2$-Lösung gegen eine gesättigte Kalomelelektrode bzw. spektralphotometrisch bei 336 nm [17 bis 19];

der Sulfidgehalt ebenfalls durch potentiometrische Titration bzw. durch saure Zersetzung der Viskose [17 bis 19];

der Gehalt an Disulfid und/oder Perthiocarbonat in 0,1 n Natronlauge durch Auswertung des kathodischen Maximums bei $-0{,}9$ V, wobei aus unseren früheren reaktionskinetischen Messungen [20] gefolgert werden kann, daß ganz überwiegend Perthiocarbonat vorliegt;

der Gehalt an Thiosulfat durch Auswertung der anodischen polarographischen Fällungsstufe bei 0,0 V (gegen ges.

Tabelle 1. Herstellungsbedingungen und Analysendaten der verwendeten Viskose (Charge I)

Zellstoff:	Fichten-Sulfit	
Alkalisierung:	1 h/20 °C in 18%iger NaOH, abgepreßt auf 32,80% Cellulose; 3 h bei 20 °C zerfasert	
Vorreife:	auf Cuoxam DP 350 an der Luft gereift	
Sulfidierung:	40% CS_2 — 2 h bei 28°C faserxanthogeniert	
Lösen:	3 h bei 20 °C	
Viskosezusammensetzung:	6,92% Cellulose 35 s Kugelfall	5,82% NaOH
Reifetemperatur:	20 °C	

Kalomelelektrode) bei pH = 4,6, wobei diese Welle in Anwesenheit von Cellulosexanthogenat eine mit steigendem γ-Wert zunehmende Erhöhung erfuhr, die bei der Eichung bzw. Auswertung berücksichtigt wurde (vgl. [21]). Zusätzlich zu diesen Einzelkomponenten bestimmten wir den Gesamtgehalt an abspaltbarem Polysulfidschwefel. Hierzu erwies sich entsprechend früheren Angaben von *Danilov* [1] eine Behandlung mit Cyanid (3 h mit einer 0,5%igen NaCN-Lösung in 0,1 n NaOH) als geeignet, da sich NaCN im Vergleich zu Na_2SO_3 und Na_3AsO_3 wesentlich rascher umsetzt [1] und das entstehende Rhodanid leicht und exakt als Eisenrhodanid spektralphotometrisch bestimmt werden kann [22].

Unter den hier angewandten Bedingungen erfolgt die Umsetzung des Thiosulfats mit Cyanid nach $CN' + S_2O_3'' \rightarrow SCN' + SO_3''$ so langsam, daß ihr Beitrag zur ermittelten SCN'-Menge vernachlässigt werden kann, der polysulfidisch gebundene Schwefel des Thiosulfats also hier nicht mit erfaßt wird.

3. Versuchsergebnisse und ihre Auswertung

3.1. Vergleichende Untersuchung des Nachreifeverlaufs einer Viskose beim Stehenlassen ohne Entlüften unter Luft und nach Entlüften unter Stickstoff

Tabelle 1 faßt die Viskosierparameter und die konventionellen Analysendaten der frisch hergestellten Viskose zusammen.

Die in Bild 1 dargestellten Nachreifeverläufe erlauben folgende Schlüsse:

a) Der Einfluß der Gasatmosphäre (Luft oder N_2) auf den Verlauf der γ-Wert-Abnahme („chemische Reife") ist geringer als die Fehlerbreite der Bestimmungsmethode und damit für die Praxis vernachlässigbar.

b) Auch die Änderung des Gehaltes an den verschiedenen Nebenprodukten während des Nachreifeverlaufs wird durch die Gasamosphäre unter den hier gewählten Bedingungen nicht beeinflußt. Bemerkenswert erscheint dabei die erhebliche Zunahme sowohl des Gehalts an Perthiocarbonat bzw. $CS_4'' + S_2''$ wie des Thiosulfatgehalts auch unter einer N_2-Atmosphäre.

c) Die Summe von Xanthogenat-, CS_3''-, CS_4''- und S_2O_3''-Schwefel bleibt während des gesamten Reifeverlaufs unabhängig von der überstehenden Gasatmosphäre befriedigend konstant. Man darf hiernach annehmen, daß eine Oxydation der schwefelhaltigen Viskosekomponenten zu anderen als den hier erfaßten Verbindungen während des Reifeverlaufs nicht in nennenswertem Umfange erfolgt.

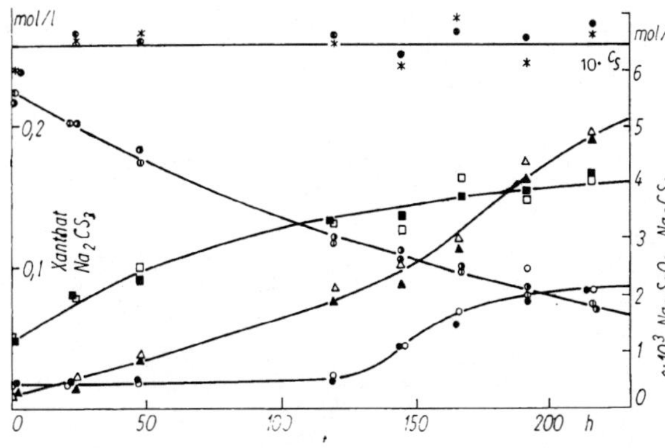

Bild 1. Änderung des Xanthogenatgruppen-, Trithiocarbonat-, Perthiocarbonat- und Thiosulfatgehaltes einer Viskose während der Nachreife bei 20 °C unter Luftausschluß bzw. Luftzutritt

○ △ □ ◐ (Viskose entlüftet, unter Stickstoff aufbewahrt)
● ▲ ■ ◑ (Viskose nicht entlüftet, unter O_2-Zutritt aufbewahrt)
○ ● $Na_2S_2O_3$ ◐ ◑ Xanthogenatgruppengehalt
△ ▲ Na_2CS_4 * (*) Gesamtschwefel
□ ■ Na_2CS_3

3.2. Änderung des Nebenproduktgehaltes und des γ-Wertes unterschiedlich verdünnter Viskosen beim Durchleiten von Stickstoff bzw. Luft

Tabelle 2 faßt die Viskosierbedingungen und die Analysendaten der Stammviskose sowie der daraus hergestellten verdünnten Viskosen zusammen.

Die Nachreife der verdünnten Viskoselösungen erfolgte bei 23°C unter Durchleiten von Luft bzw. Stickstoff bei einer Strömungsgeschwindigkeit von 10 l/h. Sowohl die fortschreitende Verdünnung als auch das Wegführen von freiem CS_2 aus der Viskose im Luft- oder N_2-Strom führen durch Eingreifen in das Quasigleichgewicht der Umxanthogenierung [12] zu

Tabelle 2. Herstellungsparameter und Analysendaten einer stufenweise mit destilliertem Wasser verdünnten Viskose

Zellstoff:	Fichten-Sulfit
Alkalisierung:	1 1/2 h bei 20 °C in 18%iger NaOH, abgepreßt auf 32,60% Cellulose — 3 h bei 20 °C zerfasert
Vorreife:	auf Cuoxam DP 310 an der Luft gereift
Sulfidierung:	35% CS_2 auf α-Cellulose, 70 min/27 °C faserxanthogeniert
Lösen:	2 h bei 15 °C gelöst

Zusammensetzung der Teilchargen

Chargenbez.	IIa unverdünnt	IIb	IIc	IId
% Cellulose	8,3	6,5	2,9	1,5
% NaOH	6,2	4,9	2,2	1,1
% S gesamt	2,2	1,8	0,8	0,4
γ-Wert	55,5	54,4	54,5	55,0
s Kugelfall	42	12	—	—

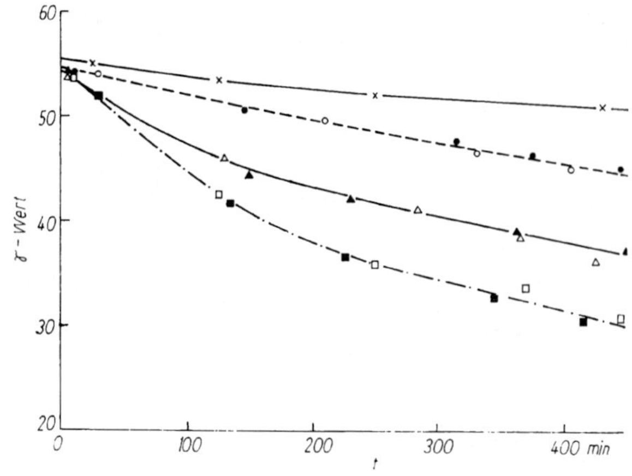

Bild 2. Änderung des γ-Wertes verdünnter Viskosen beim Durchleiten von Luft bzw. Stickstoff (10 l/h) bei 23 °C

● ▲ ■ Durchleiten von Luft
○ △ □ Durchleiten von Stickstoff
×—×— 8,3% Cellulose, Viskose unverdünnt ohne Durchleiten von Luft bzw. Stickstoff
- - - - - - 6,5% Cellulose
———— 2,9% Cellulose
—·—·— 1,5% Cellulose

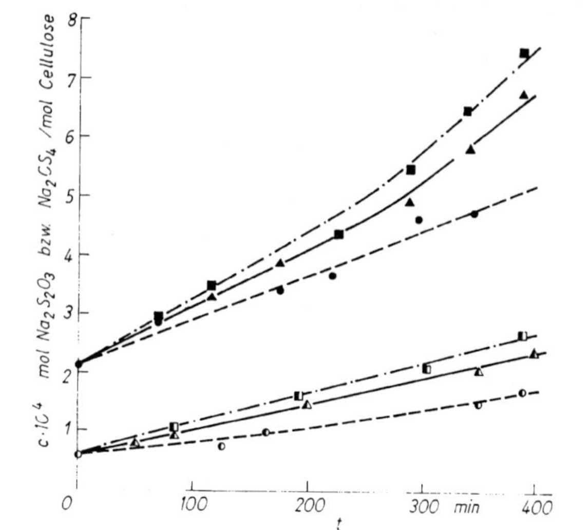

Bild 4. Änderung des Thiosulfatgehaltes und des Perthiocarbonatgehaltes verdünnter Viskosen beim Durchleiten von Luft (10 l/h) bei 23 °C

● ▲ ■ Na_2CS_4
◐ ◭ ◧ $Na_2S_2O_3$
- - - - - - 6,5% Cellulose
———— 2,9% Cellulose
—·—·— 1,5% Cellulose

dem erwarteten rascheren Abfall des γ-Wertes während der Nachreife (Bild 2). Beim Durchleiten von Luft erfolgt der Xanthogenatgruppenverlust keinesfalls rascher als beim Durchleiten von N_2, sondern bei großer Ver-

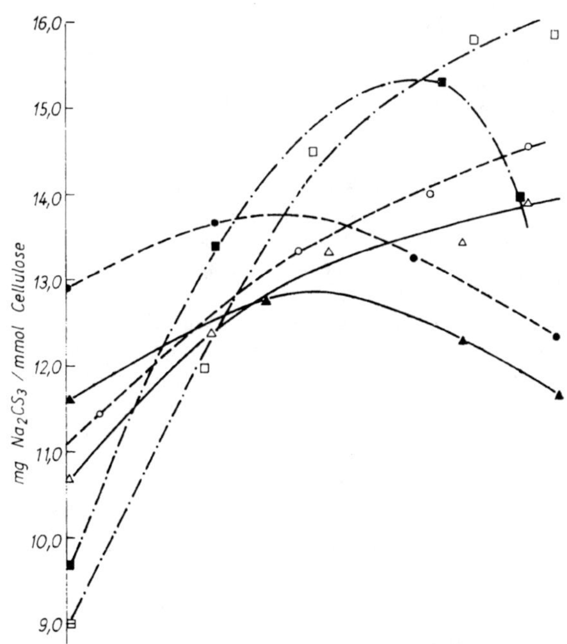

Bild 3. Änderung des Trithiocarbonatgehaltes verdünnter Viskosen beim Durchleiten von Luft bzw. Stickstoff (10 l/h) bei 23 °C

○ △ □ Stickstoff
● ▲ ■ Luft
- - - - - - 6,5% Cellulose
———— 2,9% Cellulose
—·—·— 1,5% Cellulose

dünnung eher etwas langsamer in Übereinstimmung mit dem gemessenen zeitlichen Anstieg der durch den Gasstrom insgesamt weggeführten CS_2-Menge. Diese Versuchsergebnisse schließen zwar auf Grund ihrer erheblichen Streuung eine gewisse Dixanthogenbildung unter Mitwirkung von Luftsauerstoff nicht aus, sprechen jedoch auch unter den gegenüber der Versuchsreihe 3.1 verschärften Bedingungen (Durchleiten von Luft statt ruhender Gasatmosphäre) gegen eine merkliche Beeinflussung der chemischen Reife durch Luftsauerstoff. Im Gegensatz zum γ-Wert-Abfall läßt sich beim Verlauf der Nebenproduktbildung deutlich ein Einfluß des Luftsauerstoffs erkennen. Der Trithiocarbonatgehalt steigt beim Durchleiten von Stickstoff während des ganzen Nachreifeprozesses stetig, und zwar erwartungsgemäß am steilsten bei der am stärksten verdünnten Viskose, während er beim Durchleiten von Luft in allen untersuchten Fällen ein Maximum durchläuft (Bild 3). Die Konzentrationsabnahme nach Erreichen des Maximums ist offensichtlich auf oxydative Folgereaktionen des CS_3'' zurückzuführen; denn der Perthiocarbonatgehalt steigt bei längerem Durchleiten von Luft erheblich an (Bild 4), während er bei entsprechendem Durchleiten von N_2 ohne erkennbare Zunahme unsystematisch um den Ausgangswert von $2{,}12 \pm 0{,}30 \cdot 10^{-4}$ mol Na_2CS_4/mol Cellulose streut. Auch bei Thiosulfat (Bild 4) ist zu Beginn der Nachreife bereits ein gewisser „Spiegel“ vorhanden, der sich in Gegenwart von N_2 nicht systematisch ändert, beim Durchleiten von Luft dagegen stetig ansteigt. Die Ergebnisse der gesamten Versuchsreihe weisen darauf hin, daß ein Angriff des Luftsauerstoffs bevorzugt zu einer Oxydation der Viskosenebenprodukte führt und diese in erheblichem Umfange das Cellulosexanthogenat vor oxydativer Weiterreaktion schützen.

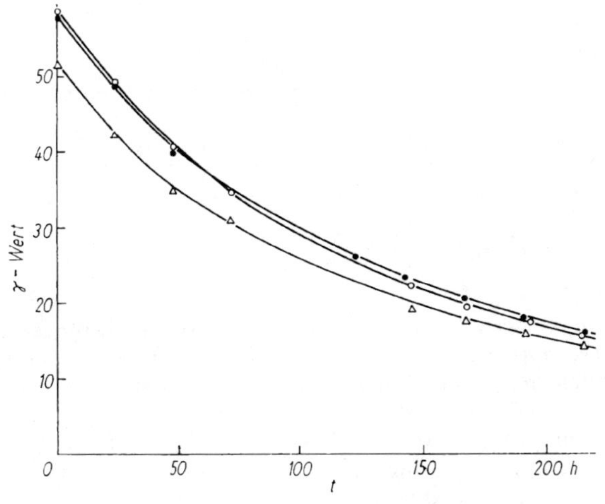

Bild 5. γ-Wert-Verlauf unterschiedlich hergestellter Viskosen III, IV und V bei einer Reifetemperatur von 20 °C
• Charge III (Faserxanthogenierung, O_2-Ausschluß)
○ Charge IV (Faserxanthogenierung, O_2-Luftzutritt)
△ Charge V (Emulsionsxanthogenierung, O_2-Ausschluß)

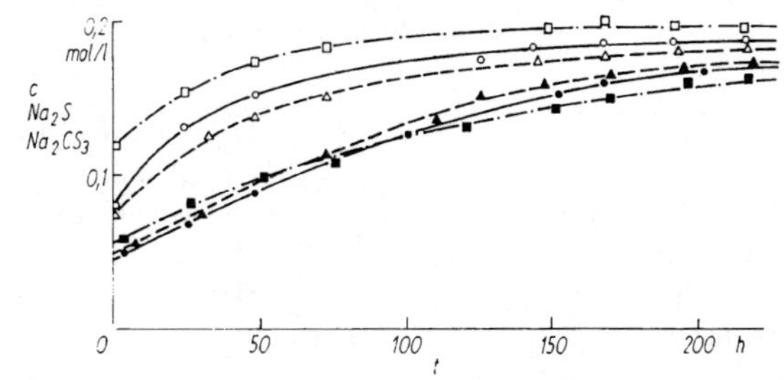

Bild 6. Änderung des spektralphotometrisch bestimmten Trithiocarbonatgehaltes und des durch saure Zersetzung bestimmbaren Gesamt-Na_2S-Gehaltes unterschiedlich hergestellter Viskosen während der Nachreife bei 20 °C
○ △ □ Na_2S
• ▲ ■ Na_2CS_3
——— Charge III (Faserxanthogenierung, O_2-Ausschluß)
- - - - - - Charge IV (Faserxanthogenierung, O_2-Zutritt)
—·—·— Charge V (Emulsionsxanthogenierung, O_2-Ausschluß)

3.3. Einfluß des Sauerstoffs bei Alkalisierung und Sulfidierung auf den Verlauf der Viskosenachreife

Folgende Viskoseansätze wurden verglichen:

Charge III Zellstoff: Kiefersulfat mit Vorhydrolyse;
Alkalisierung: 1 h bei 20 °C in 18% NaOH getaucht, abgepreßt auf 34,6% Cellulose, 3 h bei 20 °C zerfasert;
Vorreife: auf Cuoxam-DP 280 an der Luft gereift;
Sulfidierung: mit 42% CS_2 70 min/25 °C faserxanthogeniert;
Lösen: 2 h bei auf 5 °C abfallender Temperatur mit 5%iger NaOH gelöst, Sulfidierung und Lösen unter Luftausschluß mit N_2 als Schutzgas;
Viskosezusammensetzung: 6,53% Cellulose, 6,40% NaOH.

Charge IV Bedingungen wie Charge III, nur Sulfidierung und Lösen unter Luftzutritt;
Viskosezusammensetzung: 6,56% Cellulose, 6,30% NaOH.

Charge V Zellstoff: hydrolytisch abgebauter Fichtensulfitzellstoff, DP 320;
Emulsionsxanthogenierung unter O_2-Ausschluß; mit 42% CS_2 2 h bei 25 °C sulfidiert und 80 min bei abfallender Temperatur (bis 5 °C) gelöst;
Viskosezusammensetzung: 6,31% Cellulose, 6,38% NaOH.

Charge VI Zellstoff: Bichromatoxycellulose, sulfidiert wie Charge V;
Viskosezusammensetzung: 6,39% Cellulose, 6,43 % NaOH.

Charge VII 110 ml 18%iger NaOH mit 6,5 ml CS_2 bei 25 °C 2 h unter Schütteln bei Sauerstoffausschluß umgesetzt ohne Zugabe von Cellulose als Vergleichsansatz zu Charge V zwecks Verfolgung der „reinen Nebenproduktbildung".

Zur Nachreife wurden alle Ansätze bei 20 °C unter Luft bei einem Vakuum von ca. 150 Torr aufbewahrt.

Ein unmittelbarer Vergleich des γ-Wert-Verlaufs ist nur für die Chargen III und IV möglich. Für die unter Luftausschluß faserxanthogenierte Viskose zeigt sich die Tendenz zu einem etwas langsameren Abfall des Xanthogenierungsgrades, die allerdings kaum gesichert ist. Der Einfluß des Luftsauerstoffs auf den Reifeverlauf ist somit auch bei unterschiedlicher O_2-Einwirkung im Sulfidierprozeß nur sehr gering. Auch der γ-Wert-Verlauf der Emulsionsviskose weicht von dem der faserxanthogenierten Ansätze kaum ab, wenn man den niedrigeren Anfangs-γ-Wert durch eine entsprechende Verschiebung der Kurve auf der t-Achse berücksichtigt (vgl. Bild 5).

Auch im spektralphotometrisch ermittelten Trithiocarbonatgehalt und in seiner Änderung während des Nachreifeverlaufes zeigen sich keine bemerkenswerten Unterschiede zwischen den Chargen III, IV, V und VI. Das gleiche gilt für den bei saurer Zersetzung insgesamt abspaltbaren CS_2 (unter Berücksichtigung des niedrigeren Anfangswertes bei den Emulsionsviskosen) und die dabei erhaltene Gesamtmenge an H_2S, die für die Emulsionsviskosen V und VI während des ganzen Reifeverlaufs erwartungsgemäß etwas höher liegt als für die faserxanthogenierten Ansätze (Bild 6).

Ein Vergleich der Ausgangswerte an Perthiocarbonat und an mit Cyanid abspaltbarem Schwefel (im folgenden als SCN'-Schwefel bezeichnet) zu Beginn der „Nachreife" der Ansätze III und VII (Tabelle 3) erlaubt folgende Schlüsse: Der Gehalt des SCN'-Schwefels liegt in allen Fällen beträchtlich höher als der CS_4''-Gehalt, und bei sämtlichen Ansätzen ist bereits unmittelbar nach der Herstellung ein erheblicher Anteil an SCN'-Schwefel vorhanden. Wie die am Reaktionsgemisch aus CS_2 und NaOH (Ansatz VII) erhaltenen Blindwerte zeigen, wird mit der Cyanidmethode offensichtlich eine merkliche, aus dem eingesetzten CS_2 stammende Menge an elementarem Schwefel mit erfaßt, und es erscheint sinnvoll, für die weiteren Betrachtungen diesen aus dem CS_2 stammenden Anteil vom Gesamtbetrag abzuziehen. Für die beiden frischen faserxanthogenierten Viskosen stimmen unter diesen Bedingungen die molaren Konzentrationen an CS_4'' und SCN'-Schwefel praktisch überein und lassen keine gesicherten Unterschiede zwischen den unter O_2-Ausschluß und den bei Luftzutritt erhaltenen Viskosen erkennen. Die aus hydrolytisch abgebautem Zellstoff hergestellte Emulsionsviskose enthält keine nachweisbare Menge an CS_4'', und der Gehalt an

Tabelle 3. Vergleich der Perthiocarbonatwerte und des SCN′-Schwefels der Chargen III bis VII (Angaben in mol/l × 10^3)

Charge	III		IV		V		VI		VII	
	Na_2CS_4	SCN′	Na_2CS_4	SCN′	Na_2CS_4	SCN′	Na_2CS_4	SCN′	Na_2CS_4	SCN′
Anfangswert	0,30	5,00	0,15	5,03	< 0,01	5,35	2,27	11,90	0,32	4,78
nach 216 h Reife bei 20 °C	4,45	10,90	8,04	14,23	3,70	16,70	12,75	37,80	—	—

SCN′-Schwefel übersteigt nur wenig den Blindwert. Im Gegensatz dazu finden wir bei dem aus Oxycellulose hergestellten Ansatz für beide Kenngrößen auffallend hohe Anfangswerte, wobei der Gehalt an SCN′-Schwefel etwa das Fünffache des CS_4''-Gehalts beträgt. Im Verlaufe der Nachreife nehmen sowohl der Gehalt an SCN′-Schwefel als auch der CS_4''-Gehalt bei den Ansätzen III, IV, V und VI erheblich zu, und zwar der Gehalt an SCN′-Schwefel zumindest im Anfangsstadium der Nachreife wesentlich stärker als der CS_4''-Gehalt, so daß letzterer nach langer Reifezeit stets deutlich, aber unterschiedlich niedriger liegt als der Gehalt an insgesamt mit Cyanid abspaltbarem Schwefel (Bild 7). Die beiden faserxanthogenierten Ansätze zeigen dabei das erwartete Verhalten, indem beim unter O_2-Ausschluß sulfidierten Ansatz sowohl CS_4'' als auch SCN′-Schwefel niedrigere Endwerte ergeben als nach Xanthogenierung unter Luftzutritt. Bei der Emulsionsviskose V (hydrolytisch abgebauter Zellstoff) fällt der sehr hohe Gehalt an SCN′-Schwefel bei gleichzeitig sehr geringem CS_4''-Gehalt auf. Die weitaus stärkste Zunahme beider Kenngrößen beobachteten wir selbst bei weitgehendem Sauerstoffausschluß bei der aus Oxycellulose hergestellten Emulsionsviskose (Ansatz VI), was u. E. recht deutlich darauf hinweist, daß anoxydierte Celluloseketten bzw. Kettenbruchstücke an Oxydationsprozessen der sulfidischen Nebenprodukte nicht nur während der Sulfidierung, sondern auch noch während des Nachreifeprozesses teilnehmen. Mit diesen Vorstellungen wäre auch unser früherer Befund eines hohen „Polysulfidgehaltes" in einer reifenden Emulsionsviskose erklärbar [23].

Zwischen der Änderung des Gehaltes an SCN′-Schwefel und der des CS_4''-Gehaltes einerseits bzw. der des Thiosulfatgehalts andererseits läßt sich bei den hier untersuchten Nachreifeverläufen kein Zusammenhang erkennen, was auf Grund des komplizierten Mechanismus der Oxydation sulfidischen Schwefels bis zum Thiosulfat auch nicht zu erwarten ist. In allen Fällen wird während des Reifeverlaufs ein erheblicher Anstieg im Thiosulfatgehalt beobachtet (Bild 8), wobei wesentliche Unterschiede zwischen den beiden faserxanthogenierten Viskosen (Ansatz III und IV) einerseits, den Emulsionsviskosen V und VI andererseits, bestehen. Die An- oder Abwesenheit von O_2 bei der Sulfidierung spielt offenbar eine geringe Rolle für diese Zunahme. Die Ausgangswerte bei den Emulsionsviskosen werden durch eine Voroxydation der Cellulose stark erhöht (Ansatz V < 10^{-5} mol/l S_2O_3'', Ansatz VI $2 \cdot 10^{-4}$ mol/l S_2O_3'').

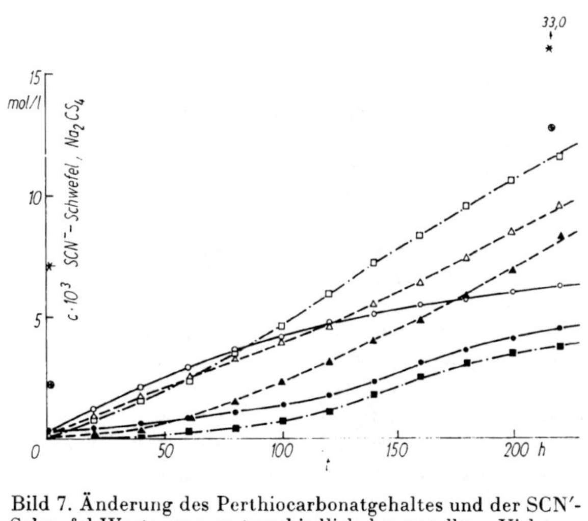

Bild 7. Änderung des Perthiocarbonatgehaltes und der SCN′-Schwefel-Werte von unterschiedlich hergestellten Viskosen während der Reife bei 20 °C

• ▲ ■ Na_2CS_4
○ △ □ SCN′-Schwefel
——— Charge III (Faserxanthogenierung, O_2-Ausschluß)
- - - - - - Charge IV (Faserxanthogenierung, O_2-Zutritt)
—·—·— Charge V (Emulsionsxanthogenierung, O_2-Ausschluß)
Charge VI (Emulsionsxanthogenierung unter Einsatz von Oxycellulose, O_2-Ausschluß, ∗ SCN′-Schwefel, (∗) Na_2CS_4)

4. *Zusammenfassende Diskussion und Schlußfolgerungen*

Aus den hier erhaltenen Versuchsergebnissen zur Bildung von Oxydationsprodukten aus den sulfidischen Komponenten der Viskose geht hervor, daß die für diesen Prozeß erforderlichen Oxydationsäquivalente

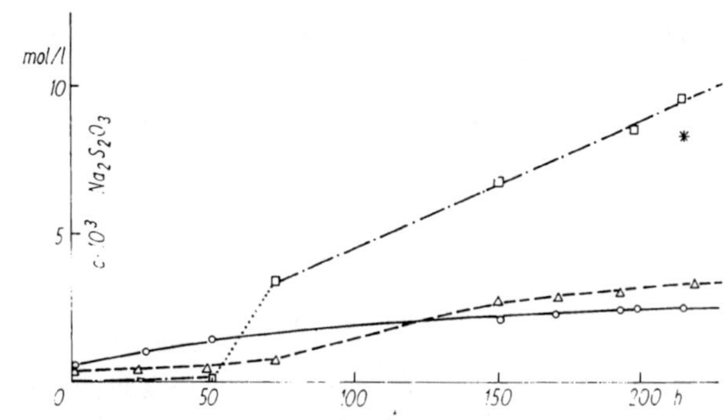

Bild 8. Änderung des Thiosulfatgehaltes unterschiedlich hergestellter Viskosen während der Reife bei 20 °C

——— ○ Charge III (Faserxanthogenierung, O_2-Ausschluß)
- - - - - - △ Charge IV (Faserxanthogenierung, O_2-Zutritt)
—·—·— □ Charge V (Emulsionsxanthogenierung, O_2-Ausschluß)
∗ Charge VI (Emulsionsxanthogenierung unter Einsatz von Oxycellulose, O_2-Ausschluß)

Tabelle 4. Anteil des mit Cyanid abspaltbaren S vom Gesamtschwefelgehalt und zur Oxydation benötigte Oxydationsäquivalente in Abhängigkeit von den Viskosierbedingungen

Viskosierbedingungen	Cyanid-abspaltbarer S in % des Gesamt-S Reifebeginn	nach 216 h Reife	benötigte Oxydationsäquivalente nach 216 h Reife
Faserxanthogenierung O_2-Ausschluß	0,66	1,56	$32 \cdot 10^{-3}$
Faserxanthogenierung O_2-Zutritt	0,68	2,14	$46 \cdot 10^{-3}$
Emulsionsxanthogenierung, Zellstoff	0,77	2,44	$104 \cdot 10^{-3}$
Emulsionsxanthogenierung, Oxycellulose	1,71	5,40	$140 \cdot 10^{-3}$

keinesfalls allein durch Luftsauerstoff, sondern in erheblichem Maße durch Mitwirkung anoxydierter Celluloseketten bzw. Kettenbruchstücke geliefert werden, wie bereits von *Danilov* [3] vermutet und auch hier durch den hohen Gehalt an oxydierten S-Verbindungen in der von Oxycellulose ausgehenden bei Sauerstoffausschluß durchgeführten Versuchsreihe bestätigt wurde. Eine nennenswerte Beeinflussung der chemischen Reifegeschwindigkeit, d. h. der zeitlichen Abnahme des γ-Wertes wurde in keinem Fall beobachtet. Dies spricht u. E. gegen eine merkliche Bildung von Cellulosedixanthogen beim Nachreifeprozeß, die seinerzeit von *Danilov* [5] als mögliche oxydative Umsetzung mit in Betracht gezogen wurde, wobei zwar auf Grund der bekannten Instabilität der Dixanthogene im alkalischen Medium [4, 5, 24] von vornherein keine starke Anreicherung solcher Substanzen zu erwarten sein sollte, ihr Auftreten als reifebeschleunigendes Zwischenprodukt jedoch für möglich gehalten wurde.

Aus eigenen Modelluntersuchungen mit K-Äthylxanthogenatlösungen geht außerdem hervor, daß in Gegenwart von CS_3'' auch bei Anwesenheit milder Oxydationsmittel (z. B. Luftsauerstoff) kein Dixanthogen gebildet wird. Sulfid und/oder Trithiocarbonat werden offensichtlich wesentlich rascher oxydiert als das Xanthogenat, wie ein in anderem Zusammenhang ermittelter Unterschied von etwa einer Zehnerpotenz in den entsprechenden RGK-Werten bestätigt, und üben damit diesem gegenüber eine gewisse Schutzwirkung vor oxydativen Veränderungen aus. Die nach den Ergebnissen von *Danilov* noch offene Frage, ob polysulfidischer Schwefel als Disulfid und/oder Perthiocarbonat in reifender Viskose vorliegt, kann auf Grund unserer reaktionskinetischen Untersuchungen zur Umsetzung von Disulfid mit CS_2 [20] und unter Berücksichtigung des in jeder Viskose mit Sicherheit vorhandenen „Spiegels" an freiem CS_2 heute als geklärt angesehen werden, indem praktisch ausschließlich Perthiocarbonat und nicht Disulfid vorliegt.

Die Anwendung der bereits von *Danilov* [1, 2] empfohlenen „Cyanidmethode" ergab grundsätzlich wesentlich höhere Gehalte an Cyanid-abspaltbarem und als KSCN bestimmbarem Schwefel, als dem CS_4''-Gehalt entsprach, wobei unter den angewandten Bedingungen S_2O_3'' nicht reagierte, also bei dieser Bilanzierung außer Betracht bleiben konnte. Eine der Ursachen für diese hohen SCN'-Werte lag in der Miterfassung des mit dem CS_2 in das Reaktionssystem eingeschleppten elementaren Schwefels. Jedoch blieb auch nach Abzug dieses Blindwertes zumindest nach längerer Reife ein erheblicher Überschuß an SCN'-Schwefel erhalten, und man muß annehmen (da ein merklicher Gehalt an Dixanthogen ausgeschlossen werden kann), daß bei den unter Mitwirkung des Luftsauerstoffs und der anoxydierten Celluloseketten ablaufenden Oxydationsprozessen möglicherweise entweder elementarer Schwefel in kolloiddisperser Form entsteht oder aber auch am Perthiocarbonation die Bildung längerer polysulfidischer Schwefelketten möglich ist, wodurch der polarographisch bestimmte CS_4''-Gehalt unverändert bleibt, der SCN'-Gehalt nach Cyanidbehandlung jedoch ansteigt. Auf den Gesamt-S-Gehalt bezogen, ist der Anteil des mit Cyanid abspaltbaren Schwefels in allen Fällen gering und liegt unter unseren Versuchsbedingungen im allgemeinen niedriger als der von *Danilov* mit 4 bis 6% angegebene Wert (Tabelle 4). Die in Abhängigkeit von Ausgangsmaterial und Viskosierbedingungen beobachtete Abstufung erlaubt den Schluß, daß der Einfluß anoxydierter Celluloseketten gegenüber dem des Luftsauerstoffs unter den hier angewandten Bedingungen überwiegt. Dies steht im Einklang mit der Beobachtung, daß die Bildung schwefelhaltiger Oxydationsprodukte in erster Linie durch Alkalisierung und Sulfidierung beeinflußt werden kann, während in Übereinstimmung mit früheren Beobachtungen von *Danilov* [5] die An- oder Abwesenheit von Luftsauerstoff während des Nachreifeprozesses selbst von recht untergeordneter Bedeutung ist (vergl. Meßreihe 3.1). Dies um so mehr, als nach *Beek* [25] während der Nachreife nur mit einer sehr geringen Eindringtiefe des Sauerstoffs in die Viskose zu rechnen und bei dickeren Schichten deshalb kaum ein Einfluß des Luftsauerstoffs zu befürchten ist. Die in Tabelle 4 mit angegebenen, zur Bildung der nach 216 h Nachreife gefundenen Gehalte an SCN'-Schwefel und S_2O_3'' erforderlichen Oxydationsäquivalente zeigen die nach dem bisher Gesagten zu erwartende Rangordnung. Allerdings ist der Unterschied zwischen den beiden Emulsionsviskosen ziemlich gering, wobei jedoch zu berücksichtigen ist, daß hier nur eine Teilbilanzierung vorliegt, indem sowohl CS_4'' als auch S_2O_3'' weiteroxydiert werden können und zu erwarten ist, daß diese Weiteroxydation gerade durch ein hohes Angebot an Oxydationsmittel, d. h. O_2 oder Oxydationsprodukten der Cellulose, begünstigt wird.

Für die Technologie des Viskoseprozesses erlauben unsere Ergebnisse den Schluß, daß durch Oxydationsprozesse während der Viskoseherstellung der chemische Reifeverlauf (γ-Wert-Abnahme) und die Trithiocarbonatbildung kaum beeinflußt werden und diese Oxydationsvorgänge daher beim Aufstellen einer CS_2-Bilanz unberücksichtigt bleiben können. Wesentlicher erscheint die Bildung von Oxydationsprodukten, vor allem von CS_4'' (evtl. mit längeren S-Ketten) und S_2O_3'' dagegen im Hinblick auf die Schwefelabscheidung innerhalb des Fadens während des Spinnprozesses. So könnte beispielsweise eine entsprechende Verteilung im Innern der Faser dazu führen, daß diese Schwefelablagerungen sich nur schwer entfernen lassen, was bekanntlich zu unterschiedlichem Färbeverhalten bzw. zu verringerter Thermo- und Lichtstabilität der Fasern führen kann.

Eine Verringerung der Bildung oxydierter Schwefelverbindungen durch sorgfältigen O_2-Ausschluß während der Nachreife ist offensichtlich nicht möglich. Der in einer Spinnviskose vorhandene Gehalt an solchen Verbindungen hängt vielmehr in erster Linie vom Oxydationszustand der Cellulose, vom Gehalt an elementarem Schwefel im CS_2 und in gewissem Umfang vom Luftzutritt bei der Sulfidierung ab, der verfahrensbedingt ohnehin gering ist, so daß im Viskoseprozeß selbst kaum Möglichkeiten zur Herabsetzung des Gehalts an polysulfidisch gebundenem Schwefel bestehen.

5. *Literatur*

[1] *Danilov, S. N., Grad, N. M.,* und *Vorobeva, A. F.:* Die Chemie der Xanthogenate und der Viskose. IV. Komponenten in der Viskose, die ein Schwefelatom anlagern oder abspalten; Redoxanlagerung von Schwefel. Ž. obšč. Chimii (Z. allgem. Chemie) **19** (1949) 7, S. 1257 bis 1289.

[2] *Danilov, S. N., Gince, N. F.,* und *Levickaja, K. V.:* Die Chemie der Xanthogenate und der Viskose. VIII. Untersuchung der Polyschwefelverbindungen und der Viskosezusammensetzung mittels markierter Atome. Ž. obšč. Chimii (Z. allgem. Chemie) **28** (1958) 11, S. 2948 bis 2958.

[3] *Danilov, S. N., Grince, N. F.,* und *Okun, M. G.:* Die Chemie der Xanthogenate und der Viskose. IX. Feststellung von Polyschwefelverbindungen in der Viskose und ihre Rolle. Ž. obšč. Chimii (Z. allgem. Chemie) **28** (1958) 12, S. 3192–3202.

[4] *Danilov, S. N.,* und *Kosmina, O. P.:* Die Chemie der Xanthogenate und der Viskose. I. Die Struktur und Zersetzung von Dixanthogenen. Ž. prikl. Chimii (Z. angew. Chemie) **19** (1946) S. 1059–1078.

[5] *Levickaja, K. V., Pastuchov, P. T.,* und *Danilov, S. N.:* Einfluß der oxydativen und reduktiven Zusätze zur Viskose auf deren Eigenschaften. Ž. prikl. Chimii (Z. angew. Chemie) **33** (1960) S. 896–902.

[6] *Matthes, A.:* Zum Reifungsmechanismus der Viskose. Faserforsch. u. Textiltechnik **3** (1952) 4, S. 127–141.

[7] *Vermaas, D.:* The xanthation reaction and the ripening of xanthates. Chem. Weekblad **55** (1959) 10, S. 1–13.

[8] *Bernhardt, B.:* Die Reifung der Viskose unter besonderer Berücksichtigung der rein chemischen Veränderungen. Kunstseide **8** (1926) S. 173–175.

[9] *Samuelson, O.:* Über die Einwirkung von Luftsauerstoff auf die Viskose. Svensk Papperstidn. **47** (1944) S. 597 bis 601.

[10] *Easterwood, M.,* und *Mueller, W. A.:* Effects of by products, trace components and similar compounds in viscose on ripening. J. appl. Polymer Sci. **5** (1961) 16, S. 375–383.

[11] *Bär, H. J., Dautzenberg, H.,* und *Philipp, B.:* Kinetische Untersuchungen zur Umxanthogenierung von Cellulosexanthogenat. Faserforsch. u. Textiltechnik **17** (1966) 12, S. 551–558.

[12] *Philipp, B.,* und *Dautzenberg, H.:* Untersuchungen zum Mechanismus der Umxanthogenierung bei Cellulosexanthogenat. Faserforsch. u. Textiltechnik **17** (1966) 1, S. 1–7.

[13] *Dautzenberg, H.,* und *Philipp, B.:* Untersuchungen zum Ablauf verschiedener Zersetzungsmechanismen bei Cellulosexanthogenat. Faserforsch. u. Textiltechnik **21** (1970) 5, S. 201–204.

[14] *Dautzenberg, H.,* und *Philipp, B.:* Zur Kinetik der Additionsreaktion zwischen CS_2 und verschiedenen Anionen unter besonderer Berücksichtigung ihrer Abhängigkeit von der Hydroxylionenkonzentration. Faserforsch. u. Textiltechnik **20** (1969) 5, S. 213–218.

[15] *Dautzenberg, H.,* und *Philipp, B.:* Untersuchung der Vorgänge bei der Umsetzung von Alkalicellulose mit Schwefelkohlenstoff. Chim. Volokna (Chem. Fasern) (1971) 5, S. 23–29.

[16] *Fock, W.:* Bestimmung von Xanthogenatschwefel in der Viskose. Svensk Papperstidn. **60** (1957) S. 911–912.

[17] *Philipp, B.:* Potentiometrische Untersuchungen an Viskoselösungen. Faserforsch. u. Textiltechnik **5** (1954) S. 337–347.

[18] *Philipp, B.,* und *Dautzenberg, H.:* Polarographische und potentiometrische Untersuchungen an Schwefelkohlenstoff und einigen seiner Derivate. Mb. dt. Akad. Wiss. Berlin **6** (1964) 2, S. 148–158.

[19] *Philipp, B.:* Zur Analytik von Viskoselösungen. Chem. Technik **8** (1956) S. 77–88.

[20] *Dautzenberg, H., Schumann, J.,* und *Philipp, B.:* Zur Kinetik der Umsetzung von Natriumdisulfid mit CS_2 zu Perthiocarbonat. Faserforsch. u. Textiltechnik **22** (1971) 11, S. 546–548.

[21] bisher unveröffentlichte Ergebnisse.

[22] *Müller, G. O.:* Praktikum der quantitativen Analyse, 7. Auflage. Leipzig: Hirtzel, S. 343.

[23] *Philipp, B.,* und *Dautzenberg, H.:* Untersuchungen zum Abbau der Cellulose während einer Xanthogenierung. Faserforsch. u. Textiltechnik **11** (1960) 8, S. 374–382.

[24] *Pomianowski, A.,* und *Leja, J.:* Spectrophotometric study of xanthate an dixanthogen solutions. Canad. J. Chem. **41** (1963) S. 2219–2230.

[25] *Beck, W. I.:* Die Löslichkeit und der Diffusionskoeffizient von Luft in Viskose. Faserforsch. u. Textiltechnik **17** (1966) 11, S. 492–497.

Eingegangen am 20. Oktober 1971

Ultrarotspektroskopische Untersuchungen an Polymeren bei erhöhten Temperaturen

Rudi Danz und Johannes Dechant

Deutsche Akademie der Wissenschaften zu Berlin, Institut für Faserstoff-Forschung in Teltow-Seehof, Abteilung Physik

DK 678.6/.7:677.021.125.27:548.517:535.343-15:677.014.86

Ultrarotspektroskopische Messungen bei erhöhten Temperaturen eignen sich zur Aufklärung der Polymerstruktur und zur Untersuchung der für die Faserherstellung wichtigen Kristallisationskinetik beim Verfestigen der Schmelze. Sie können weiter zur Kontrolle des Ablaufs chemischer Reaktionen bei hohen Temperaturen angewendet werden. Es wurde eine Vakuum-Temperierküvette konstruiert, mit deren Hilfe man Polymerproben im Temperaturbereich von 20 bis 300 °C temperieren und gleichzeitig die Spektren registrieren kann.

ИК-спектроскопические исследования полимеров при повышенных температурах

ИК-спектроскопические измерения при повышенных температурах применимы для выяснения структуры полимеров и для исследования важной при получении волокна кинетики кристаллизации при отвердевании расплава. Кроме того, они могут применяться и для изучения хода химических реакций при высоких температурах. Была сконструирована специальная кювета для темперирования в вакууме, позволяющая проводить одновременное темперирование проб полимеров в интервале температур от 20 до 300°С и снятие спектров.

IR Spectroscopic Investigations of Polymers at Elevated Temperatures

IR spectroscopic measurements at elevated temperatures can be applied to elucidate the structure of polymers and to investigate the kinetics of crystallisation being of importance in the production of fibres from the melt. Further, they can be used to control chemical processes at elevated temperatures. A temperature-controlled vacuum cuvette is described by which the temperature of polymer samples can be controlled in the range from 20 to 300 °C with simultaneous recording the spectra.

1. *Einführung*

Ultrarotspektroskopische Untersuchungen an Polymeren bei erhöhten Temperaturen ermöglichen, physikalische und chemische Strukturänderungen bei der entsprechenden Temperatur direkt zu verfolgen. Die unmittelbare Beobachtung der bei hohen Temperaturen ablaufenden Strukturänderungen ist vor allem deshalb wichtig, weil bei vielen Polymeren die Strukturänderungen nicht vollständig eingefroren werden können und die bei Zimmertemperatur registrierten Spektren deshalb nur eine teilweise Aufklärung gestatten. Untersuchungen zur Kristallisationskinetik oder die Kontrolle des Ablaufes chemischer Reaktionen sind ultrarotspektroskopisch nur dann zuverlässig und mit einem geringen Zeitaufwand durchzuführen, wenn die Probe im Spektrometer temperiert wird und gleichzeitig die Spektren bzw. die Intensität einer strukturabhängigen Bande gemessen werden.

Die notwendige Voraussetzung für diese Methode besteht darin, daß die in den Spektren auftretenden Schwingungsbanden eindeutig den molekularen bzw. übermolekularen Strukturen zugeordnet werden, von denen sie hervorgerufen werden. Die im Spektrum eines Polymeren auftretenden strukturabhängigen Banden verändern ihre relativen Intensitäten, wenn die Probe bei erhöhten Temperaturen getempert wird. Die Registrierung von Spektren in Abhängigkeit von der Temperatur ermöglicht es deshalb, die Strukturempfindlichkeit der Banden zu erkennen und sie zu klassifizieren. Aus der Literatur ist bekannt, daß die Intensitäten der Konformationsbanden bei Vergrößerung des Ordnungsgrades zu- oder abnehmen, die Intensitäten der Kristallinitäts- und Regularitätsbanden zunehmen und die Intensitäten der Taktizitätsbanden unverändert bleiben [1 bis 5]. Insbesondere wird darauf hingewiesen, daß im Spektrum der Polymerenschmelze Kristallinitäts- und Faltungsbanden vollständig verschwinden, während das für Konformations- und Taktizitätsbanden nicht gilt. Regularitätsbanden werden im Spektrum der Polymerenschmelze nur dann gefunden, wenn sie von sehr kurzen Sequenzen hervorgerufen werden.

Ultrarotspektroskopische Untersuchungen bei erhöhten Temperaturen sind für die Verfolgung von Polymerisationsreaktionen und die Beobachtung des thermischen Abbaus und der thermischen Oxydation nützlich. Beim Ablauf dieser Reaktionen werden die Anzahl und der Typ der funktionellen Gruppen des Polymeren verändert. Die Extinktionsbestimmung der den funktionellen Gruppen zugeordneten charakteristischen Gruppenschwingungen erlaubt, die Abnahme bzw. Zunahme der funktionellen Gruppen zu überwachen. Die ultrarotspektroskopischen Untersuchungen können an sehr dünnen Filmen ausgeführt werden, wodurch Diffusionseffekte stark verringert werden und sich die Reaktionsbedingungen vereinfachen. Im allgemeinen können nur die nichtflüchtigen Reaktionsprodukte beobachtet werden. Bei der Verwendung dicker Polymerproben schlagen sich flüchtige Reaktionsprodukte an den Fenstern der Temperiereinrichtung nieder und man erhält dadurch auswertbare Ultrarotspektren dieser Verbindungen.

2. *Anwendungsbeispiele*

2.1. *Strukturaufklärung von Polymeren*

Pohl [6] untersuchte die Konfigurations- und Konformationsabhängigkeit der Ultrarotbanden von Polyvinylchlorid bei erhöhten Temperaturen. Es wurden die relativen integralen Extinktionen der CCl-Stretchingschwingungen im Temperaturbereich von 30 bis 200 °C ermittelt. Der CCl-Bandenkomplex wurde graphisch aufgetrennt und die Extinktionen der einzelnen Schwingungen erhalten. Die Banden 603 cm^{-1}, 613 cm^{-1} und 677 cm^{-1} im CCl-Bandenkomplex sind langen und kurzen syndiotaktischen Zickzack-Ketten bzw. einer syndiotaktischen gauche-Konformation zuzuordnen. Es wurde gefunden, daß bei Erhöhung der Temperatur die Extinktion der Bande 603 cm^{-1} abnimmt und die Extinktionen der Banden 613 cm^{-1} und 677 cm^{-1} zunehmen. Die Banden 603 cm^{-1} und 613 cm^{-1} verringern bzw. vergrößern ihre Intensität, weil beim Erhitzen die langen syndiotaktischen Ketten durch einzelne Kettenverwicklungen aufgeteilt werden und kürzere Kettenabschnitte entstehen. Der Autor zeigte, daß die Aufteilung der Ketten durch die Bildung einer syndiotaktischen gauche-Konformation erfolgt. Die beim Erhitzen zu beobachtende Extinktionszunahme der gauche-Konformationsbande 677 cm^{-1} steht mit diesem Sachverhalt im Einklang.

In weiteren Arbeiten wurden die Temperaturabhängigkeit der Intensitäten und Halbwertsbreiten zur Bestimmung von Umwandlungspunkten hinzugezogen [7 bis 16]. *Alter* [7] und *Anton* [8] registrierten die Spektren verschiedener Polymerer im Temperaturbereich von 20 bis 160 °C und ermittelten die Extinktionen bzw. Durchlässigkeiten strukturempfindlicher Banden. Es zeigte sich, daß die Extinktionen und Durchlässigkeiten, als Funktionen der Temperatur aufgetragen, bei den Glasübergangstemperaturen einen deutlichen Knick aufweisen. Auf diese Weise wurden Umwandlungspunkte des abgeschreckten und getemperten Polyäthylenterephthalats bei 85 und 60 °C gefunden. *Ogura* [9] untersuchte die Spektren des Polyacrylnitrils im Temperaturbereich von 80 bis 145 °C. Die Extinktion der Bande 2237 cm^{-1} wurde in Abhängigkeit von der Temperatur ermittelt. Der Kurvenverlauf zeigte bei 90, 110, 120 und 140 °C Knickpunkte. Da die obengenannte Bande von der CN-Gruppe herrührt, können die thermischen Übergänge als Bewegungen in den CN-Gruppen gedeutet werden. *Zachmann* [13] erhielt die Extinktionen der Ordnungsbanden und amorphen Banden von Polyäthylen und Polyäthylenterephthalat in Abhängigkeit von der Temperatur. Die Extinktionen der Ordnungsbanden 730 cm^{-1}, 973 cm^{-1} und 1343 cm^{-1} zeigen bei den Schmelztemperaturen einen scharfen Knick, der den Schmelzpunkt der Polymeren angibt. *Kločichin* [14], *Riis* [15] und *Vettegren* [16] untersuchten das Temperaturverhalten der Halbwertsbreiten. *Vettegren* ermittelte die Halbwertsbreite der Banden 809, 899, 974 und 998 cm^{-1} von Polypropylen, 973 cm^{-1} von Polyäthylenterephthalat und 455 cm^{-1} von Polyoxymethylen in Abhängigkeit von der Temperatur. Die Halbwertsbreite wurde in einen temperaturabhängigen und einen temperaturunabhängigen Anteil zerlegt und beide Anteile experimentell bestimmt. Die Darstellung des temperaturabhängigen Anteils der Halbwertsbreite $(\Delta_{1/2})_{973}$ besitzt einen Knickpunkt bei 80 °C, der mit dem Einsetzen einer intensiven Segmentbewegung gedeutet wurde. Der Autor berechnete aus den experimentellen Werten außerdem die Größe der potentiellen Energie, die bei der Umorientierung der Molekülketten aufzuwenden ist.

2.2. Kontrolle chemischer Reaktionen

Es existieren zahlreiche ultrarotspektroskopische Arbeiten über den Ablauf chemischer Reaktionen bei erhöhten Temperaturen [17 bis 28]. *Lady* [17, 18] befaßte sich mit den bei 200 und 300 °C registrierten Spektren des butylierten Melamin/Formaldehyd-Harzes und des Polybenzyls. Er stellte fest, daß die Extinktion der dem Melaminring zugeordneten Bande 815 cm^{-1} bei 200 °C in Abhängigkeit von der Zeit unverändert bleibt, bei 300 °C aber sehr stark abnimmt. Daraus wurde geschlossen, daß der Melaminring bei 300 °C einer Oxydation oder Degradation unterliegt. Die bei der Temperatur von 200 °C auftretende starke Extinktionsabnahme der CH_2-Stretchingschwingungsbande 2900 cm^{-1} des Polybenzyls wurde auf die Oxydation und den Bruch der Methylenbrücke zurückgeführt. *Stivala* u. Mitarb. [19 bis 24] beschäftigten sich mit der Kinetik der thermischen Oxydation des isotaktischen und ataktischen Polypropylens und Polybutylens-1. Die Autoren verfolgten die thermische Oxydation ultrarotspektroskopisch, indem sie die Spektren der Polymerfilme bei den Reaktionstemperaturen 105 bis 135 °C in einer 5- bis 100%igen Sauerstoffatmosphäre aufnahmen. Die Extinktionen der im Spektralbereich von 1700 bis 1760 cm^{-1} auftretenden Carbonylbanden wurden in Abhängigkeit von der Temperatur, der Zeit und dem Sauerstoffgehalt berechnet und daraus die Zunahme der Carbonylgruppen erhalten. Die Entstehung und die Bildungsrate der Carbonylgruppen wurden mit den bei der thermischen Oxydation ablaufenden Reaktionen in Verbindung gebracht.

Slowinski [26], *Spurr* [27] und *Henniker* [28] veröffentlichten Arbeiten über die ultrarotspektroskopische Überwachung von Polymerisationsreaktionen. *Slowinski* teilte Ergebnisse zur thermischen Polymerisation des Styrols mit. Es wurden halbstündlich die Spektren von Styrolmonomeren bei 100 °C aufgenommen und die nur im Spektrum des Monomeren vorhandene CH-Stretchingschwingungsbande bei 2940 cm^{-1} ausgewertet. Die Extinktionsabnahme der Bande bei 2940 cm^{-1} wurde als Maßzahl für die Monomer/Polymer-Umwandlung verwendet. *Spurr* beschäftigte sich mit den bei 60 bis 120 °C registrierten Spektren eines Monomer/Polymer-Gemisches von Diallylphthalat. Der Autor stellte fest, daß sich die Intensität der dem Allylfragment zugeordneten C=C-Stretchingschwingungsbande bei 1645 cm^{-1} im Verlaufe der Polymerisation verringert. Die Extintkionsabnahme der Bande 1645 cm^{-1} wurde in Abhängigkeit von der Temperatur und der Zeit ermittelt und daraus auf die Abnahme des Gehaltes an C=C-Doppelbindungen geschlossen. Als innerer Standard wurde die Bande bei 1598 cm^{-1} genommen, deren Intensität während der Polymerisation unverändert bleibt.

3. Temperierküvetten für Ultrarotspektrometer

3.1. In der Literatur beschriebene Temperierküvetten

Es wurden bereits mehrere Temperierküvetten für ultrarotspektroskopische Untersuchungen an Festkörpern beschrieben. *Cobbs* [29] benutzte einen wärmeisolierten Kasten, an dem zwei NaCl-Fenster angebracht wurden, und leitete zur Temperierung der Probe einen heißen Luftstrom hinein. *Zachmann* [13] und *Pohl* [6] beschrieben Anordnungen, die aus Kupfer bzw. Pertinax gefertigt wurden, und die es erlaubten, auf NaCl-Fenster aufgeschmolzene Polymerfilme unter Luftatmosphäre bis auf 280 °C zu erhitzen. *Vratny* [31] konstruierte eine Küvette, die im Vakuum und mit einer Gasfüllung betrieben werden kann. Die Küvette besteht aus einem zylindrischen *Dewar*-Mantel, der für eine gute Wärmeisolierung sorgt. Die Küvette arbeitete bei Temperaturen bis 400 °C, wobei sich das Spektrometer kaum erwärmte. *Bishop* [32] veröffentlichte eine Arbeit über eine Temperiereinrichtung, in der beschrieben wird, wie man zehn Polymerproben nacheinander untersuchen kann. Die Proben sind in einem Ring angeordnet, der mit einem kleinen Motor um eine Achse oberhalb des Ultrarotstrahls gedreht wird. Eine relativ einfache Einrichtung zur Untersuchung von Polymerproben bei erhöhten Temperaturen wurde von *Conley* [33] vorgeschlagen. Die Temperierküvette ist aus einem Aluminiumzylinder gefertigt, in dessen Mitte ein NaCl-Fenster als Probenträger eingesetzt wurde. Die Isolierung des Heizdrahtes erfolgte mit Asbest. *Krauß* [30] berichtete über eine evakuierbare Temperiereinrichtung, die vom VEB Carl Zeiss Jena entwickelt wurde. Die Küvette ist für den Temperaturbereich von −190 bis 250 °C ausgelegt, und mit ihr können ultrarotspektroskopische Untersuchungen an polymeren Festkörpern und flüssigen Substanzen ausgeführt werden. Die Höchsttemperatur von 250 °C wird bei einem Vakuum von 10^{-2} Torr erst nach 50 min erreicht. Aus diesem Grunde ist diese Einrichtung für kinetische Untersuchungen weniger geeignet. Arbeiten über Temperierküvetten, die für ultrarotspektroskopische Untersuchungen an Flüssigkeiten und Gasen geeignet sind, wurden von *Lisitsa* [34], *Webb* [35] und *Wilson* [36] publiziert.

3.2. Konstruktion einer Vakuum-Temperierküvette

Um unerwünschte Oxydationsreaktionen auszuschließen, sollten die ultrarotspektroskopischen Untersuchungen bei erhöhten Temperaturen unter Luftabschluß ausgeführt werden. Es wurde deshalb eine Vakuum-Temperierküvette für die Ultrarotspektrometer UR-10 und UR-20 konstruiert, mit deren Hilfe

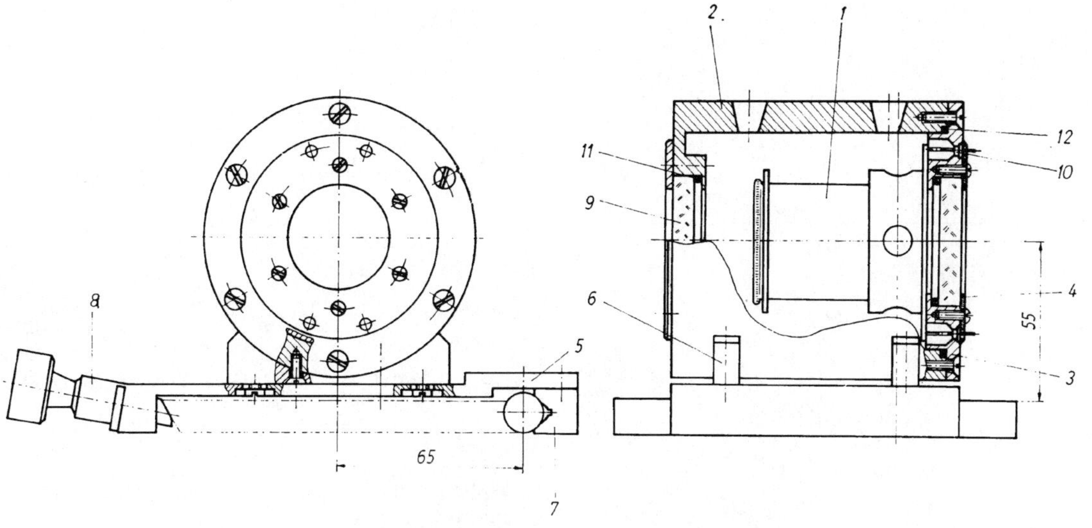

Bild 1. Vakuum-Temperierküvette für UR-10 und UR-20. Links: Querschnitt senkrecht zum Strahlengang, rechts: Querschnitt parallel zum Strahlengang
1 Ofen; 2 Gehäuse; 3 Deckel; 4 Halterung; 5 Grundplatte; 6 Fuß; 7 Prisma; 8 Klemmvorrichtung; 9 Kaliumbromid-Fenster; 10 Durchführung; 11 Rundring aus Siliconkautschuk; 12 TEFLON-Rundring

man Polymerproben im Temperaturbereich von 20 bis 300 °C temperieren und gleichzeitig die Spektren registrieren kann.

Die Küvette besteht im wesentlichen aus einem auf einer Grundplatte montierten zylindrischen Aluminiumgehäuse, das mit einem Deckel vakuumdicht verschlossen ist (Bild 1). An die Innenseite des Deckels ist ein Ofen (Bild 2) angeschraubt, in dem sich die Polymerprobe auf einer Kaliumbromid-Tablette befindet. Gehäuse und Deckel sind mit Kaliumbromid-Fenstern versehen. In die zylindrische Wand des Küvettengehäuses sind zum Auspumpen und zur Vakuummessung zwei Eisenschliffe eingeschraubt. Der Deckel und die beiden Eisenschliffe am Küvettengehäuse sind mit einem Rundring bzw. mit Dichtungsscheiben aus TEFLON abgedichtet. Für die Abdichtung der spröden Kaliumbromid-Fenster eignet sich ein temperaturbeständiger Siliconkautschuk besser. Der aus Eisen angefertigte Deckel enthält vier vakuumdicht eingelötete Durchführungen, die für die Stromversorgung des Ofens bzw. für ein im Ofen befindliches Widerstandsthermometer benötigt werden.

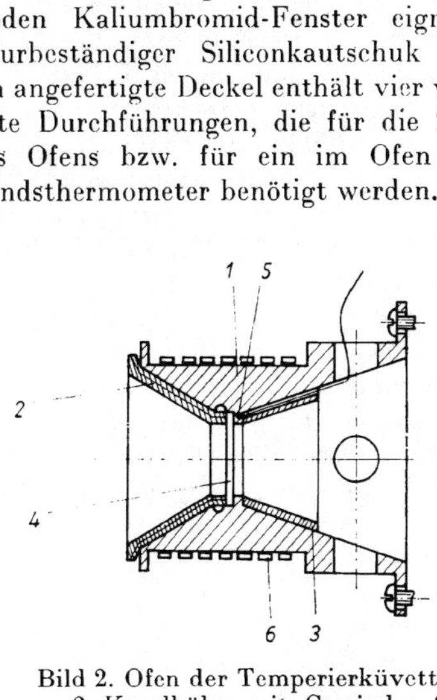

Bild 2. Ofen der Temperierküvette
1 Ofenkörper; 2 Kegelhülse mit Gewinde; 3 Kegelhülse; 4 Probe auf Kaliumbromid-Tablette; 5 Widerstandsthermometer; 6 Heizband

Die Küvette soll für kinetische Untersuchungen an Polymeren eingesetzt werden. Es mußte deshalb ein Ofen konstruiert werden, der eine relativ große Aufheizrate und dabei eine kleine Nachheizzeit hat. Als Ofenkörper wurde ein Aluminiumzylinder mit geringer Wärmekapazität verwendet, auf dem, mit einer dünnen Glimmerschicht isoliert, ein Kanthal-Heizband aufgebracht wurde. Vorversuche zeigten, daß eine Keramikisolierung ungeeignet ist, weil der Wärmeübergang vom Heizdraht zum Ofenkörper schlecht ist und damit eine relativ große Nachheizzeit auftritt. Das verwendete Kanthal-Heizband hat einen Widerstand von 50 Ω, und die maximale Heizleistung beträgt 180 W. Mit dieser Anordnung ist es möglich, eine Temperaturänderung von Zimmertemperatur auf 260 °C einschließlich des Einstellens in die Gleichgewichtslage in 6 min zu erreichen. Das ergibt eine Aufheizrate von 40 grd/min. Das zur Temperaturmessung verwendete Widerstandsthermometer befindet sich in einer kleinen Bohrung im Aluminiumzylinder des Ofens in unmittelbarer Nähe der Probe. Bei Temperaturmessungen im Vakuum spielt der Wärmekontakt eine entscheidende Rolle. Das Widerstandsthermometer wurde deshalb mit einer Bleifüllung, die für den Wärmekontakt zwischen Aluminiumkörper und Widerstandsthermometer sorgt, eingekittet und mit einem am Probenort angeordneten Thermoelement geeicht. Die Genauigkeit der Temperaturmessung beträgt $\pm$ 2 grd. Die Küvette wird auf $5 \cdot 10^{-3}$ Torr ausgepumpt. Wenn es erforderlich ist, kann sie auch mit einem Schutzgas gefüllt werden. Es tritt keine unzulässige Erwärmung des Spektrometers auf.

Die Polymerproben werden als Kaliumbromidtabletten hergestellt, auf Kaliumbromidtabletten als Film aus der Lösung ausgefällt bzw. aufgeschmolzen oder zwischen zwei Tabletten gelegt. Die Tabletten mit den Proben werden mit einer Schraubvorrichtung im Ofen befestigt. Da der durchstrahlte Teil des Poly-

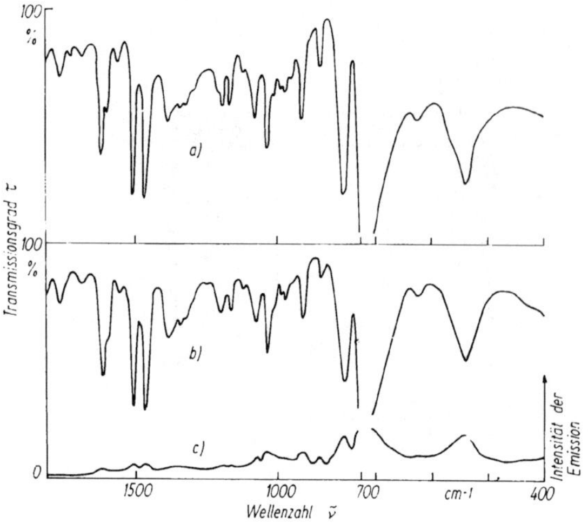

Bild 3. Polystyrol-Spektrum
a: 30 °C, b: 230 °C, c: Emissionsspektrum

merfilms eine Breite von nur 2 mm besitzt, ist eine relativ große Kontaktfläche zwischen Probe und Ofenkörper vorhanden, die für den notwendigen Wärmeübergang sorgt. Die Breite des durchstrahlten Querschnitts kann ohne Bedenken so klein gewählt werden, weil nur dieser Anteil des Ultrarotstrahles auf den Strahlungsempfänger gelangt.

4. *Experimentelle Ergebnisse*

Im Bild 3 sind die bei 30 und 230 °C registrierten Ultrarotspektren von Polystyrol dargestellt. Wenn man die Spektren vergleicht, so sieht man, daß die relativen Intensitäten aller Banden des bei 230 °C aufgenommenen Spektrums abgenommen haben. Für die Intensitätsabnahme können folgende Gründe angegeben werden [6, 13]:

1. Die Extinktionskoeffizienten sind Funktionen der Temperatur. *Ovander* [37] berechnete, daß die integrale Extinktion proportional zur Meßtemperatur abnimmt.
2. Die Eigenemission der temperierten Probe täuscht eine Verringerung der Absorption vor. Sie ist im niederfrequenten Bereich am größten, weil die Anzahl der im angeregten Zustand befindlichen Moleküle mit abnehmender Frequenz exponentiell wächst (*Dunken* [38]). (Im Bild 3 ist das Emissionsspektrum der auf 230 °C erhitzten Polystyrolprobe zu sehen).
3. Mit steigender Temperatur wird eine Verbreiterung der Absorptionsbanden beobachtet, die eine Intensitätsabnahme des Maximums bewirkt.
4. Obwohl die Küvette evakuiert wurde, ist eine geringe Oxydation der Probe nicht auszuschließen. Eine Oxydation oder eine Verringerung der Schichtdicke des Polymerfilmes während des Erhitzens hat ebenfalls eine Abnahme der relativen Intensitäten zur Folge. Um das zu prüfen, wurden die Spektren der auf Zimmertemperatur abgekühlten Proben registriert. Da sie sich nicht von denen der Ausgangsprobe unterschieden, also reproduzierbar waren, konnte eine sich auf das Ultrarotspektrum auswirkende Oxydation

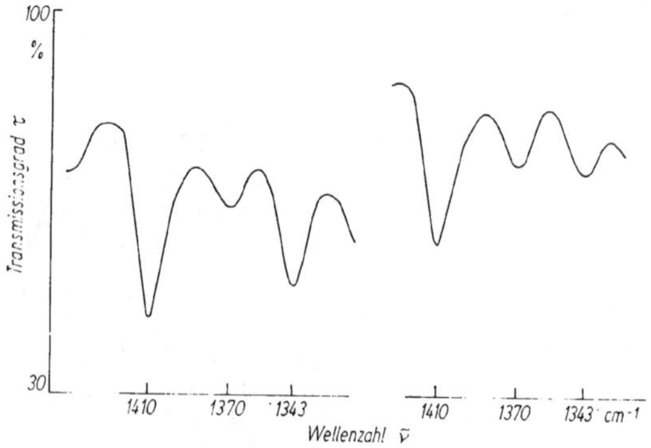

Bild 4. Ausschnitt aus dem Polyäthylenterephthalatspektrum
links: 252 °C, rechts: 260 °C

oder Schichtdickenverringerung der Probe nicht bestätigt werden.

Die durch die Eigenemission der Probe vorgetäuschte Verringerung der Absorption kann korrigiert werden, indem man vom prozentualen Wert der Durchlässigkeit den prozentualen Wert der Emission abzieht. *Neszmelyi* [39] beschrieb ein Verfahren zur experimentellen Korrektur der Emission, das darauf beruht, daß vor der Probe eine geeichte Blende angebracht wird. Durch schrittweises Schließen der Blende findet man eine Stellung, bei der in der Probe scheinbar keine Absorption stattfindet, weil die Absorption durch die Emission kompensiert wird. Theoretische Untersuchungen über den Einfluß der Probenemission auf das Ultrarotspektrum wurden von *Leles* [40] und *Morrey* [41] mitgeteilt.

Die Emission der Polymerproben bei erhöhten Temperaturen wurde zur Aufnahme von Emissionsspektren genutzt [42 bis 44]. *Fischer* [42] und *Hansel* [43] erhielten auf diese Weise Spektren von Polyäthylen und Polystyrol. Die Emission des Polyäthylenbandendoubletts bei 730 cm^{-1} wurde im Temperaturbereich von 50 bis 200 °C ermittelt. Eine Diskontinuität im Kurvenverlauf charakterisierte das Schmelzintervall von 128 bis 132 °C.

Außer der zu beobachtenden Intensitätsabnahme der strukturunabhängigen Banden ist in den bei hohen Temperaturen registrierten Spektren eine Intensitätsumverteilung der Banden zu erwarten, die von der Struktur des Polymeren abhängen. Im Bild 4 ist ein Ausschnitt eines Polyäthylenterephthalatspektrums, registriert bei 252 und 260 °C, dargestellt. Die Intensität der trans-Konformationsbande 1343 cm^{-1} hat sich beim Erhitzen auf 260° stark verringert und die Intensität der gauche-Konformationsbande 1370 cm^{-1} vergrößert. Beim Polyäthylenterephthalat kann aus den Extinktionen der trans- und gauche-Konformationsbanden der trans-, bzw. gauche-Anteil berechnet werden [45, 46]. Wir fanden, daß die aus einer Phenol/Tetrachloräthan-Lösung erhaltene Probe beim Erhitzen auf 252 °C einen trans-Anteil von 30% und im geschmolzenen Zustand bei 260 °C einen trans-Anteil von 12% enthält.

Außerdem wurden die Spektren eines aus Ameisensäure erhaltenen Polycaprolactamfilmes bei 30 und 200 °C aufgenommen (Bild 5). Man sieht, daß die Banden 524, 579, 691, 731, 835, 929, 960, 1029, 1418 und 1478 cm^{-1} im Spektrum der auf 200 °C erhitzten Probe

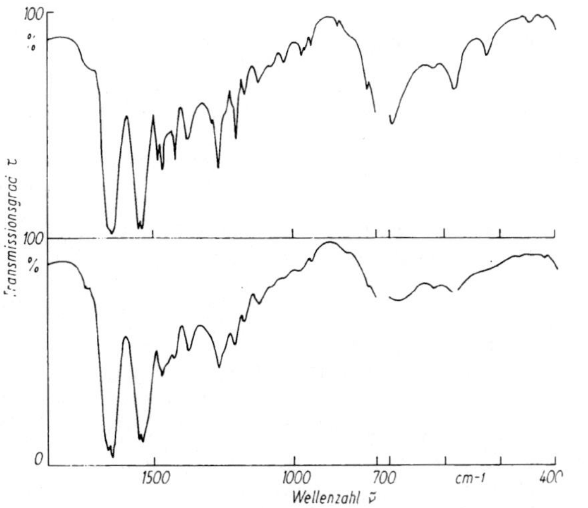

Bild 5. Polycaprolactamspektrum
oben: 30 °C, unten: 200 °C

entweder vollständig verschwunden oder nur noch als schwache Schultern zu erkennen sind. Die Banden 835, 929, 960 und 1029 cm^{-1}, die mit der Kristallstruktur des Polycaprolactams in Zusammenhang gebracht wurden, wurden zur Berechnung des Ordnungszustandes verwendet [47, 48]. Obwohl Polycaprolactam bei 200 °C noch nicht geschmolzen ist, tritt eine starke Intensitätsverminderung der oben genannten Banden auf, die auf das partielle Schmelzen der Polymerprobe zurückzuführen ist. Bild 6 zeigt die Spektren eines Polytetrafluoräthylenfilmes, registriert bei Zimmertemperatur und 300 °C. Auch an diesem Beispiel ist eine Intensitätsabnahme der von kristallinen Regionen herrührenden Banden 516, 553, 625 und 638 cm^{-1} zu erkennen.

Die Temperierküvette wurde in Zusammenarbeit mit unserer Abteilungswerkstatt konstruiert. Herrn Ing. *P. Jäckel* und Herrn Mechanikermeister *H. Schleicher* danken wir für die Mitarbeit bei der Konstruktion und Ausrüstung der Küvette. Der Firma Görisch, Potsdam, danken wir für die sorgfältige Ausführung der mechanischen Arbeiten.

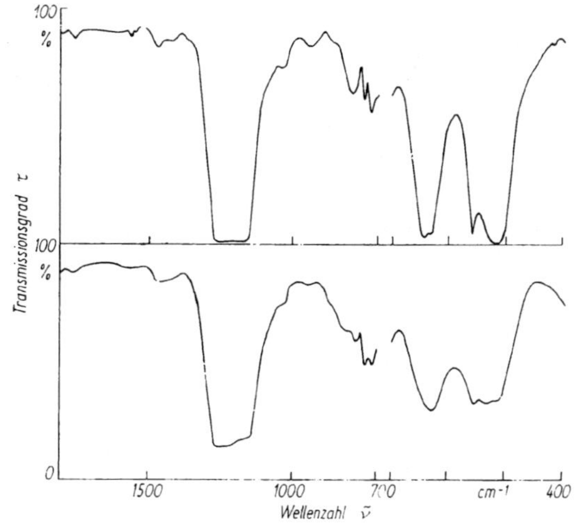

Bild 6. Polytetrafluoräthylenspektrum
oben: 30 °C, unten: 300 °C

5. *Literatur*

[1] *Danz, R., Dechant, J.*, und *Ruscher, Ch.*: Ultrarotspektroskopische Untersuchungen über den Ordnungszustand von Polyäthylenterephthalat. Faserforsch. u. Textiltechnik **21** (1970) S. 251–254.

[2] *Zerbi, G., Ciampelli, F.*, und *Zamboni, V.*: Classification of crystallinity bands in the infrared spectra of polymers. J. Polymer. Sci., C: Polymer Symposia (1963) 7, S. 141–151.

[3] *Ciampelli, F., Cambini, M.*, und *Lachi, M. P.*: Experimental contribution to the infrared study of the crystallinity of polymers. J. Polymer Sci., C: Polymer Symposia (1963) 7, S. 213–218.

[4] *Koenig, J. L.*, und *Hannon, M. J.*: Infrared studies of chain folding in polymers. II. Polyethylene terephthalate. J. macromol. Sci., B: Physics **1** (1967) S. 119–145.

[5] *Volkenstejn, M. V., Volček, B., Gotlib, Ju. Ja.*, und *Nikitin, V. N.*: Study of the structure of polymers by infrared spectra. J. appl. Polymer Sci. **8** (1964) S. 2923 bis 2933.

[6] *Pohl, H. U.*: IR-spektroskopische Untersuchungen der Mikrostruktur von Polyvinylchlorid und Vinylchlorid-Propen-Copolymeren. Dissertation v. 29. 7. 1967 Köln, Math.-nat. Fakultät.

[7] *Alter, H.*, und *Hsiao, H.*: Changes in the infrared spectra of polymers in the vicinity of their glass transition. J. Polymer Sci., B: Polymer Letters **6** (1968) S. 363 bis 367.

[8] *Anton, A.*: Detection of polymer transition temperatures by infrared absorption spectrometry. J. appl. Polymer Sci. **12** (1968) S. 2117–2128.

[9] *Ogura, K., Kawamura, S.*, und *Sobue, H.*: Infrared spectroscopic approaches to the polymer transitions. I. The multiple transitions in polyacrylonitrile (PAN). Macromolecules, Washington **4** (1971) S. 79–81.

[10] *Dube, G.*, und *Kriegsmann, H.*: Das Infrarotspektrum und die Umwandlungspunkte von Polytetrafluoräthylen. Z. Chemie **4** (1964) S. 430–431.

[11] *Araki, Y.*: Transitions of polytetrafluorethylene at about 90 and 130 °C. Studied by X-Ray diffraction and infrared spectra. J. appl. Polymer Sci. **11** (1967) S. 953 bis 961.

[12] *Frigge, K., Dube, G.*, und *Kriegsmann, H.*: Das Kristallisationsverhalten von Polytetrafluoräthylen und dessen Umwandlungen bei Raumtemperatur. Plaste u. Kautschuk **15** (1968) S. 470–473.

[13] *Zachmann, H. G.*, und *Stuart, H. A.*: Über die Intensitätsabhängigkeit der Ultrarotbanden von der Temperatur und vom Kristallisationsgrad. Makromol. Chemie **44/46** (1961) S. 622–642.

[14] *Kločichin, A. A., Maksimova, T. I.*, und *Smechanov, A. I.*: Die Temperaturabhängigkeit der Bandbreiten hochfrequenter kristalliner und lokaler Schwingungen. Fiz. tverd. Tela (Festkörperphysik)**10** (1968) S. 3312 bis 3321.

[15] *Riis, V., Serfas, O.*, und *Geppert, G.*: Bandenparameter und Profile der C=O-Valenzschwingungen. II. Temperaturuntersuchungen. Z. physik. Chemie, Leipzig **243** (1970) 3/4, S. 203–211.

[16] *Vettegren, V. I., Dreval, I. V., Korsukov, V. E.*, und *Novak, I. I.*: Zur Breite der UR-Absorptionsbanden von Polymeren. Vysokomol. Soed. (Hochm. Verbind.) Serie B: Kratkie Soobšč. (Kurzmitt.) **12** (1970) S. 680 bis 683; Sowj. Beitr. Faserforsch. Textiltechnik **8** (1971) 1, S. 7–10.

[17] *Lady, J. H., Adams, R. E.*, und *Kesse, I*:. A study of thermal degradation and oxidation of polymers by infrared spectroscopy. Part I. Experimental technique and butylated melamine formaldehyde and urea formaldehyde. J. appl. Polymer Sci. **3** (1960) S. 65–70.

[18] *Lady, J. H., Kesse, I.*, und *Adams, R. E.*: A study of thermal degradation and oxidation of polymers by infrared spectroscopy, Part. II. Polybenzyl. J. appl. Polymer Sci. **3** (1960) S. 71–76.

[19] *Stivala, S. S., Reich, L.*, und *Kelleher, P. G.*: Kinetics of the thermal oxidation of isotactic polypropylene by infrared spectroscopy. Makromol. Chemie **59** (1963) S. 28–42.

[20] *Reich, L.*, und *Stivala, S. S.:* Uncatalyzed thermal oxidation of isotactic polypropylene J. Polymer Sci. B **3** (1965) S. 227—229.

[21] *Stivala, S. S., Kaplan, E. B.*, und *Reich, L.:* Kinetics of uncatalyzed thermal oxidation of atactic polybutene-1 by infrared spectroscopy. J. appl. Polymer Sci. **9** (1965) S. 3557—2565.

[22] *Stivala, S. S., Yo, G.*, und *Reich, L.:* Kinetics of autoxidation of isotactic polybutene-1 by infrared spectroscopy. J. appl. Polymer Sci. **13** (1969) S. 1289—1296.

[23] *Jadrnicek, B. R.*, und *Stivala, S. S.:* Kinetics of autoxidation of atactic polypropylene by infrared spectroscopy. J. appl. Polymer Sci. **14** (1970) S. 2537—2551.

[24] *Stivala, S. S., Jadrnicek, B. R.*, und *Reich, L.:* Kinetics of autoxidation of atactic polypropylene in the presence of cobalt salts by infrared spectroscopy. Macromolecules, Washington **4** (1971) S. 61—68.

[25] *Imrisova, D.*, und *Maryska, S.:* Study of radiation — induced graft polymerization of vinyl monomers to cellulose by infrared spectroscopy. I. Cellulose—polyacrylonitrile copolymers. J. appl. Polymer Sci. **11** (1967) S. 901—907.

[26] *Slowinski, E. J., jr.*, und *Claver, C. G.:* On the measurement of polymerization rates by means of infrared absorption spectra. J. Polymer Sci. **17** (1955) S. 269—273.

[27] *Spurr, R. A., Hanking, B. M.*, und *Rowen, J. W.:* The polymerisation of diallyl phthalate, on investigation by infrared spectroscopy. J. Polymer Sci. **37** (1959) S. 431—440.

[28] *Henniker, J. C.:* Infrared spectrometry of industrial polymers. London/New York: Academic Press 1967.

[29] *Cobbs, jr., W. H.*, und *Burton, R. L.:* Crystallization of polyethylene terephthalate. J. Polymer Sci. **10** (1963) S. 275—288.

[30] *Krauß, M.*, und *Büttner, H.:* Temperiereinrichtung für die Infrarotspektroskopie. Jenaer Rdsch. Sonderheft Leipziger Frühjahrsmesse, (1970) S. 92—94.

[31] *Vratny, F.*, und *Graves, B.:* Cell for the infrared spectroscopy of solid and gas-solid reactions. Rev. sci. Instruments **31** (1960) S. 65—66.

[32] *Bishop, W. A.:* High temperature infrared cells for studies of solid high polymer reactions. Analytic. Chem. **33** (1961) S. 456—459.

[33] *Conley, R. T.*, und *Bieron, J. F.:* Heated cell for thermal stability studies of polymers using infrared spectroscopy. Spectroscopic Tricks (1967) S. 207—210.

[34] *Lisitsa, M. P.*, und *Cyaščenko, J. P.:* Effect of temperature on the intensities of the vibrational absorption bands of liquid bromoform. Optics spectroscopy **9** (1960) S. 99—102.

[35] *Webb, D. U.*, und *Rao, N.:* A heated absorption cell for studying infrared absorption bands. Appl. Optics **5** (1966) S. 1461—1463.

[36] *Wilson, H. W.:* A simple, evacuable, double beam infrared hot cell assembly. Appl. Spectroscopy **24** (1970) S. 6—8.

[37] *Ovander, L. N.:* The temperature dependence on infrared absorption lines. Optics and Spectroscopy **11** (1961) S. 68.

[38] *Dunken, H.*, und *Fink, P.:* Die Infrarot-Emission von KBr-Preßlingen. Z. Chemie **3** (1963) S. 232—233.

[39] *Neszmelyi, A.*, und *Imre, L.:* Evaluation of infrared absorption band intensities in measurements above room temperature. Spectrochimica Acta, Berlin **24 A** (1968) S. 297—300.

[40] *Leles, B. K.*, und *Neff, D.:* Infrared emission as studied through the temperature dependence of integrated intensities of a molecular crystal. J. chem. Physics **48** (1968) S. 3557—3561.

[41] *Morrey, J. R.*, und *Voiland, E. E.:* High-temperature absorption spectrophotometry. II. The effect of black-body and sample emission on absorption spectra. Spectrochimica Acta, Berlin **18** (1962) S. 1175—1186.

[42] *Fischer, K. A.*, und *Brandes, G.:* Emission im ultraroten Spektralbereich. Naturwissenschaften **43** (1956) S. 223—224.

[43] *Hansel, J. G.*, und *Lee, S. Y.:* Technique for measuring the emittance of polymers at elevated temperatures. Appl. Spectroscopy **21** (1967) S. 261.

[44] *Bott, B.*, und *Vernon, F.:* Infrared emission spectra of high polymers. Spectrochimica Acta, Part A, (Oxford) **26 A** (1970) S. 1633—1635.

[45] *Schönherr, F.:* UR-spektroskopische Absolutbestimmung der Rotationsisomeren in PÄT. Z. Chemie **9** (1969) S. 424—425.

[46] *Danz, R.:* Ultrarotspektroskopische Untersuchungen über den Ordnungszustand und die Schwingungsanalyse von Polyäthylenterephthalat. Dissertation, Merseburg 1970.

[47] *Ruscher, Ch.*, und *Dechant, J.:* Über die Feinstruktur der Polyamide. IV. Bestimmung des Ordnungszustandes von Polycaprolactam durch Ultrarotspektroskopie. Faserforsch. u. Textiltechnik **15** (1964) S. 480—489.

[48] *Dechant, J.*, und *Ruscher, Ch.:* Über die Feinstruktur der Polyamide, V. Dichroismus und Zuordnung des Ultrarotspektrums von Polycaprolactam. Faserforsch. u. Textiltechnik **16** (1965) S. 180—185.

Eingegangen am 15. Januar 1972

Faserforschung und Textiltechnik 23 (1972) Heft 5

Woinowa, Dimitrow, Stanew, Mintschewa und *Angelowa:* Stabilitätserhöhung des Polyäthylenterephthalats durch stabilisierende Zusätze aus Phosphorigsäureestern

Stabilitätserhöhung des Polyäthylenterephthalats durch stabilisierende Zusätze aus Phosphorigsäureestern

S. Woinowa, D. Dimitrow, S. Stanew, W. Mintschewa und A. Angelowa

Hochschule für Chemische Technologie, Sofia/Darwenitza, VR Bulgarien

DK 678.674'524'420:542.929.4:66.094.38:678.048:547.558.1

Die vielfältige Anwendung des Polyäthylenterephthalats (PÄT) zur Faserstoffherstellung erfordert eine hohe Stabilität dieses Polyesters gegen thermooxydativen Abbau. In der Arbeit wird die stabilisierende Wirkung von Triphenylphosphit und von handelsüblichen gemischten Alkylarylphosphiten im Vergleich zu der bisher benutzten Phosphorsäure untersucht.

Повышение стабильности полиэтилентерефталата путем добавки эфиров фосфористой кислоты в качестве стабилизаторов

Широкое применение полиэтилентерефталата для получения волокон связано с требованием высокой устойчивости этого полиэфира к термоокислительной деструкции. В данной работе изучалось действие трифенилфосфита и коммерческих препаратов смешанных арилалкилфосфитов в сравнение с фосфорной кислотой, обычно используемой в настоящее время в качестве стабилизатора.

Improvement of the Stability of Polyethylene Terephthalate by Stabilizing Additives Based on Phosphoric Acid Esters

The extensive application of polyethylene terephthalate in the production of fibres requires high stability of this polyester to thermooxidative degradation. The stabilizing effect of triphenyl phosphite and commercial alkylarylphosphite compositions is compared with that of phosphoric acid used as conventional stabilizer.

In den letzten zehn Jahren stieg die Bedeutung der synthetischen Fasern und insbesondere die der Polyesterfasern für die Entwicklung der Textilindustrie außerordentlich stark an. Es wird geschätzt, daß bis 1972 die Polyesterfaserstoffe an erster Stelle in der Weltproduktion der synthetischen Fasern stehen werden.

Ein technologischer Nachteil der bei uns für die Faserproduktion hergestellten Polyesterharze besteht in ihrer ungenügenden Stabilität während des Spinnprozesses, der wegen der hohen Schmelztemperatur des Polyäthylenterephthalats bei einer sehr hohen Temperatur (285 bis 290°C) vor sich geht. Der unter diesen Bedingungen eintretende thermische Oxydationsabbau ruft eine Farbtonvertiefung des Polymeren, eine Vermehrung des Carboxylgruppenanteils und eine Viskositätsverringerung hervor, was die Bildung der Fasern erschwert und zu bedeutenden Materialverlusten führt.

Das Ziel der Arbeit war das Auffinden eines Antioxydationsmittels für das im chemischen Kombinat „D. Dimow", Jambol, hergestellte Polyäthylenterephthalat, da die bisher dafür benutzte Phosphorsäure keinen genügenden Stabilisierungseffekt ergab.

Die Patentliteratur enthält eine große Anzahl verschiedener Kombinationen von Katalysatoren und Stabilisatoren für die Produktion von Polyäthylenterephthalat. Unter den am meisten empfohlenen Stabilisatoren sind die Ester der Phosphor- und der Phosphorigsäure [1 bis 7] zu erwähnen.

In unserer Arbeit orientierten wir uns auf Stabilisierungszusätze des Phosphittyps. Es wurde die Stabilisierungswirkung von Triphenylphosphit und von gemischten Alkylarylphosphiten der Handelsmarken P 36, P 26 und P 268 der Firma Pure Chemicals Ltd., Liverpool, untersucht.

Die stabilisierende Wirkung der Zusätze wurde durch Beobachtung der Veränderung einiger spezifischer Eigenschaften des Harzes geprüft, und zwar die relative Viskosität (0,5%ige Lösung in m-Kresol), der Carboxylgruppengehalt, der Farbton sowie der Schmelzpunkt. Der experimentelle Teil der Arbeit besteht aus zwei Stufen, und zwar den Labor- und Produktionsuntersuchungen.

Die *Laboruntersuchungen* sollten uns über die Bedingungen der Arbeit mit den untersuchten Stabilisatoren, über die Höhe ihrer optimalen Konzentration und über ihren Einfluß auf die Haupteigenschaften des Harzes orientieren. Demgemäß wurde eine Laborapparatur für die Synthese von Polyäthylenterephthalat aufgebaut (Bild 1), die im höchstmöglichem Maß die Produktionsbedingungen reproduziert. Die Apparatur besteht aus:

1. der Vorrichtung für die Trocknung und Geschwindigkeitsmessung des Stickstoffs (1 bis 4),
2. der Vorrichtung für die Polyäthylenterephthalatsynthese (5 bis 10),
3. der Vorrichtung für das Auffangen der abgeschiedenen Dämpfe (10 bis 17) und
4. dem Vakuumsystem (18 bis 23).

Die Versuche für die Polyäthylenterephthalatsynthese wurden mit Ausgangsreagenzmengen, die nach der Technologie des Kombinats errechnet waren, durchgeführt. Laut der im Kombinat angewandten Technologie wurden als Katalysator der Umesterung Calciumacetat und als Katalysator der Polykondensation Diantimontrioxid angewandt.

Bei den Versuchen mit verschiedenen Stabilisatoren wurde ihre Menge (errechnet in Masseprozenten, bezogen auf die Menge des Dimethylterephthalats (DMT)) oder der Zeitpunkt ihrer Zugabe variiert.

Für die Bestimmung der optimalen Konzentration des Stabilisators P 36 (Triphenylphosphit) wurden Synthesen mit verschiedenen Konzentrationen durchgeführt. Die Versuchsergebnisse sind in Bild 2 angegeben.

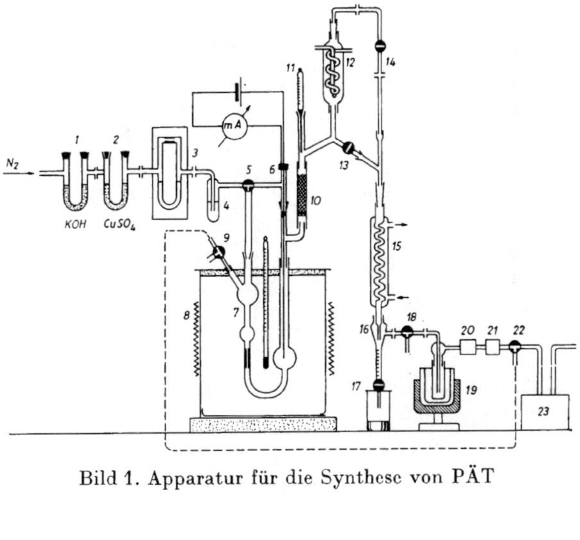

Bild 1. Apparatur für die Synthese von PÄT

Tabelle 1. Haupteigenschaften des PÄT, hergestellt mit verschiedenen Stabilisatoren

Art des Stabilisators	Eigenschaften	Granulate: Granulierungszeit min 10	30	60	Mittelwert	Fasern, Gesponnen: in Stickstoff	in Luft
P 36	η_{rel}	1,217	1,214	1,210	1,213	1,200	1,191
	Abs. Abnahme	—	0,003	0,007	—	0,013	0,022
	Prozentuale Abnahme	—	0,58	1,48	—	1,07	1,81
	—COOH-Gruppengehalt	22,43	24,39	24,43	23,73	23,99	24,16
	Schmelzp. °C	—	—	—	259···260	—	—
P 268	η_{rel}	1,215	1,213	1,210	1,213	1,198	1,190
	Abs. Abnahme	—	0,002	0,005	—	0,015	0,023
	Prozentuale Abnahme	—	0,16	0,41	—	1,24	1,90
	—COOH-Gruppengehalt	25,46	25,69	29,68	26,94	27,49	27,93
	Schmelzp. °C	—	—	—	258···259	—	—
H_3PO_4	η_{rel}	1,212	1,210	1,197	1,210	1,180	1,170
	Abs. Abnahme	—	0,002	0,015	—	0,030	0,040
	Prozentuale Abnahme	—	0,41	1,24	—	2,48	3,31
	—COOH-Gruppengehalt	42,53	43,02	43,88	43,11	47,90	48,15
	Schmelzp. °C	—	—	—	257···258	—	—

Anmerkung: η_{rel} ist an 0,5%igen Lösungen von PÄT in m-Kresol bestimmt worden.

An den vier Ordinatenachsen sind die Haupteigenschaften des Harzes aufgetragen, und zwar die relative Viskosität, Carboxylgruppen, Schmelztemperatur und Farbton, so daß mit dem Anwachsen der Ordinatenwerte sich die Eigenschaften optimieren. Die Lage der Kurven, die durch Verbindung der bei den verschiedenen Synthesen festgestellten Eigenschaften erhalten wurden, gibt uns eine Vorstellung für den allgemeinen Zustand der mit verschiedener Stabilisatormenge synthetisierten Harze. Dem bisher Gesagten zufolge ist aus Bild 2 zu ersehen, daß die Optimalkonzentration für P 36 0,05% beträgt, da bei dieser Konzentration ein Polymeres mit relativ guten Eigenschaften erhalten wird. Die Zugabe von größeren Stabilisatormengen ist auch wegen der Anhäufung von bedeutenden Mengen sauer reagierender Produkte unzweckmäßig, die bei dem wiederholten Schmelzen des Harzes eine Acidolyse bewirken können.

Die bei der Stabilisatorzugabe am Anfang der Polykondensation erhaltenen Polymeren zeichnen sich durch erhöhte thermische Stabilität aus, weisen jedoch in den meisten Fällen eine gewisse Färbung auf. Es wurden auch Versuche durchgeführt, bei denen der Stabilisator bei einem Polykondensationsstadium von 50 bis 60% eingegeben wurde. Bei diesen Versuchen erhielten wir ein

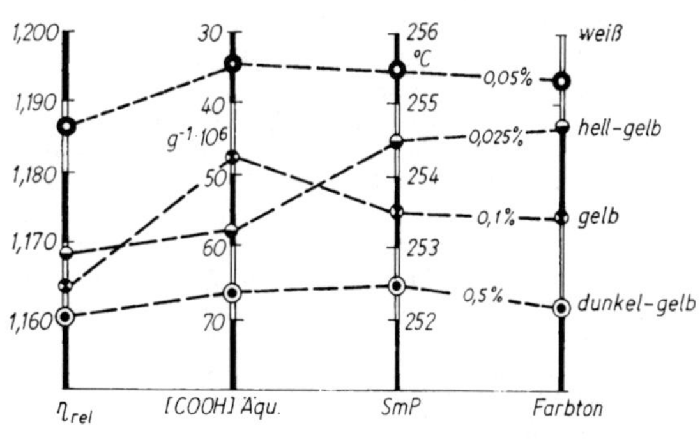

Bild 2. Haupteigenschaften eines Polymeren, hergestellt mit Stabilisator P 36 verschiedener Konzentrationen

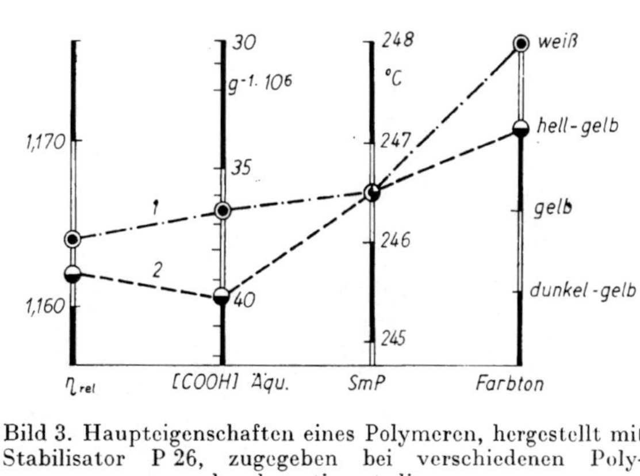

Bild 3. Haupteigenschaften eines Polymeren, hergestellt mit Stabilisator P 26, zugegeben bei verschiedenen Polykondensationsstadien

Kurve 1 — bei 70%igem Umsatz
Kurve 2 — am Anfang der Polykondensation

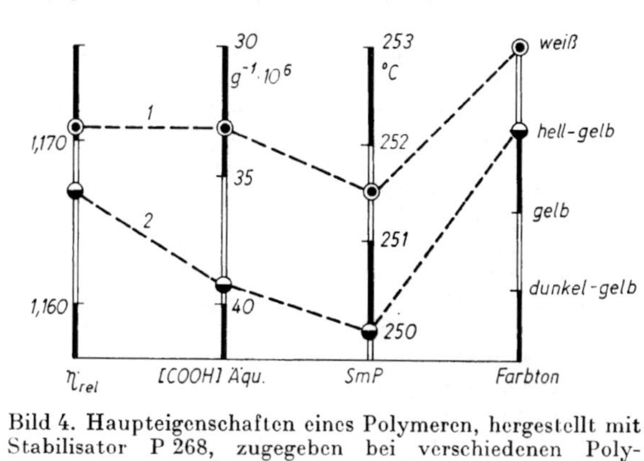

Bild 4. Haupteigenschaften eines Polymeren, hergestellt mit Stabilisator P 268, zugegeben bei verschiedenen Polykondensationsstadien

Kurve 1 — bei 70%igem Umsatz
Kurve 2 — am Anfang der Polykondensation

Tabelle 2. Physikalisch-mechanische Prüfungen von Fasern, hergestellt mit verschiedenen Stabilisatoren

Stabilisatoren	P 36		H_3PO_4		P 268	
Gasmedium	Stickstoff	Luft	Stickstoff	Luft	Stickstoff	Luft
Festigkeit g/den	6,22	6,17	6,20	6,20	6,90	6,50
Dehnung %	30,4	28,6	33,1	38,1	34,3	31,7
Variationskoeff.	17,3	13,1	15,2	15,6	19,7	16,8
Thermischer Schrumpf %	3,4	2,6	2,6	2,4	2,3	2,2
Feinheit den	1,22	1,26	1,33	1,26	1,31	1,26
Remissionsgrad	89,6	88,6	89,8	89,4	89,6	89,6

bedeutend helleres Polymerisationsprodukt, wobei die anderen Eigenschaften zufriedenstellend waren. Solche Versuche wurden mit dem Stabilisatoren P 26 und P 268 in Mengen von 0,05% (Bilder 3 und 4) durchgeführt.

Auf Grund der durchgeführten Laboruntersuchungen wurden *halbindustrielle Proben* mit den Stabilisatoren P 36 und P 268 in Mengen von 0,05%, bezogen auf die DMT-Menge, hergestellt. Es wurden Harze erhalten, deren Eigenschaften den Erfordernissen eines qualitativen Polymerisationsproduktes entsprechen. Sie besitzen auch einen hohen Weißgrad (der Remissionsgrad des Harzes mit P 36 war 56,5 und der des Harzes mit P 268 57 gegenüber 54 des Harzes, hergestellt für Vergleichszwecke mit Phosphorsäure als Stabilisator). Aus den

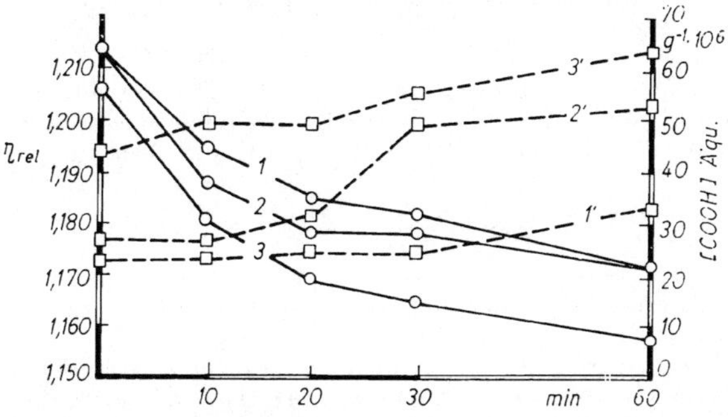

Bild 5. Veränderung der relativen Viskosität und des Carboxylgruppengehaltes bei wiederholtem Schmelzen eines PÄT unter Durchblasen von Trockenluft, hergestellt unter Betriebsbedingungen in Gegenwart von verschiedenen Stabilisatoren

Kurve 1 — Veränderung der rel. Viskosität in Gegenwart des Stabilisators P 36
Kurve 2 — dsgl., in Gegenwart von P 268
Kurve 3 — dsgl., in Gegenwart von Phosphorsäure
Kurve 1′ — Veränderung des Carboxylgruppengehalts in Gegenwart des Stabilisator P 36
Kurve 2′ — dsgl., in Gegenwart von P 268
Kurve 3′ — dsgl., in Gegenwart von Phosphorsäure

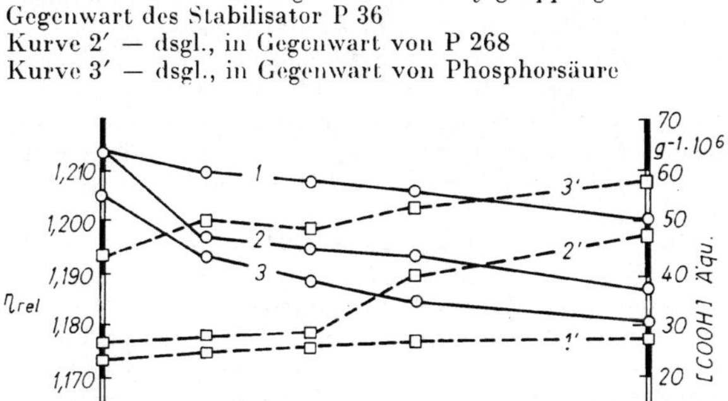

Bild. 6 Wie Bild 5, nur unter Durchblasen von Stickstoff
Kurve 1, 2, 3, 1′, 2′, 3′ — wie in Bild 5

erhaltenen Harzen wurden Fasern gesponnen. Das Spinnen erfolgte durch Einblasen von Stickstoff und Luft in den Extruder. Parallel damit und bei denselben Bedingungen wurde eine Vergleichspartie von Polyäthylenterephthalat, hergestellt mit Phosphorsäure als Stabilisator, gesponnen. Die Versuchsergebnisse sind aus Tabelle 1 zu ersehen, wobei für eine bessere Charakterisierung der Harze Proben zu Beginn, in der Mitte und am Ende der Granulatbildung genommen wurden.

Die hergestellten Fasern wurden mechanischen Prüfungen unterworfen. Die Ergebnisse sind aus Tabelle 2 ersichtlich.

Die bei industriellen Proben mit Stabilisatoren P 36 und P 268 erhaltenen Harze wurden auch im Hinblick auf ihre thermische Oxydationsstabilität durch Beobachtung der Viskositätsveränderung und Veränderung des Carboxylgruppengehaltes beim Schmelzen bei Durchblasen von Stickstoff und Luft untersucht (Bilder 5 und 6).

Aus den Versuchsergebnissen ist zu ersehen, daß das mit Stabilisator P 36 synthetisierte Harz den größten Widerstand gegen thermischen Oxydationsabbau aufweist. Seine Haupteigenschaften verändern sich in geringerem Maß im Vergleich mit dem mit Stabilisator P 268 hergestellten Harz, sind jedoch bedeutend stabiler als die des gegenwärtig mit Phosphorsäure als Stabilisator hergestellten Harzes.

Literatur

[1] *Zimmermann, H.:* Chemische Untersuchungen über faserbildende Polyester. I. Über die thermische Stabilisierung von Polyäthylenterephthalat. Faserforsch. u. Textiltechnik **13** (1962) 11, S. 481—490.
[2] Manufacture of polyethylene terephthalate for fibers and films. E. I. du Pont de Nemours & Co. USP 2650213 vom 24. 7. 1951; Process of the manufacture of highly polymeric polymethylene terephthalates. Imperial Chemical Industries Ltd. GBP 791283 vom 21. 1. 1955; Manufacture of highly polimeric polymethylene terephthalates. Imperial Chemical Industries Ltd. GBP 770531 vom 26. 2. 1954; Polyglycol terephthalates. E. I. du Pont de Nemours and Company. GBP 769220 vom 10. 9. 1954.
[3] *Angert, L. G., Kirpičnikov, P. A., Kuz'minsky, A. S.,* und *Saratov, I. E.:* Synthese von gemischten Estern der α-naphthylphosphorigen Säure und Untersuchung ihrer inhibierenden Wirkung bei der Oxydation von Kautschuken und Gummi. Ž. prikl. Chimii (Z. angew. Chemie) **36** (1963) 10, S. 2270—2276.
[4] *Tarasova, S. N., Kirpičnikov, P. A.,* und *Fedorova, T. W.:* Kautschuk i Resina (1963) 10, S. 14.
[5] Aliphatic aryl phosphites. Virginia-Carolina Chemical Corp. USP 2866807 vom 30. 12. 1958.
[6] Lights stabilizers for polymers containing halogens. Monsanto Chemical Co. USP 2951052 vom 30. 8. 1960.
[7] Color stabilization of acrylonitrile-styrene copolymers. American Cyanamid Co. USP 2951055 vom 30. 8. 1960.

Eingegangen am 28. Oktober 1971

Einfluß der Herstellungsbedingungen auf die Lösungsviskosität und die Aminoendgruppenkonzentration von Polyamid 6

Gerhard Holy und Erika Hannes

VEB Chemiefaserkombinat Schwarza „Wilhelm Pieck", Rudolstadt, Direktorat Wissenschaft

DK 678.675'126:66.095.26-93:678.012.4:543.241.2:532.133

Bei Untersuchungen über die auftretenden Schwankungen der Viskosität und der Anzahl der Aminoendgruppen an Polyamiden aus VK-Rohren wurde gefunden, daß die Durchsatzzeit einen wesentlichen Einfluß auf die Gleichmäßigkeit des Polykondensates ausübt. In Autoklaven hergestelltes Polyamid 6 zeigt nur geringe Änderungen der Viskosität und der Anzahl der Aminoendgruppen in Abhängigkeit von der Verweilzeit. Die Stufen Extraktion und Trocknung sind ohne bemerkenswerten Einfluß auf Lösungsviskosität und Aminoendgruppenkonzentration.

Влияние условий получения на вязкость растворов и концентрацию концевых аминогрупп в полиамиде 6

При исследовании колебаний вязкости и числа концевых аминогрупп, наблюдавшихся при получении полиамидов в аппаратах НК, оказалось, что время пребывания в аппарате оказывает значительное влияние на равномерность поликонденсата. Полученный в автоклавах полиамид 6 показал лишь незначительные изменения вязкости и числа концевых аминогрупп в зависимости от времени выдержки в автоклаве. Технологические стадии экстракции и сушки не оказывают заметного влияния на вязкость растворов и концентрацию концевых аминогрупп.

Effect of the Conditions of Preparation on the Solution Viscosity and Amino End-Group Concentration of Polyamide 6

Investigations on the variation in viscosity and on the amount of amino-end groups of polyamides obtained in a *VK* (simplified continuous process) tube reactor showed that the regularity of the product is considerably affected by the throughput. With polyamide 6 obtained in an autoclave the dependence of the variations in viscosity and of the amount of amino endgroups on the residence time was only small. Extraction and Drying do not considerably effect the solution viscosity and amino endgroup concentration.

1. Einleitung

Die Viskosität und die Konzentration an Aminoendgruppen sind zwei Parameter, die in enger Wechselbeziehung, sowohl bei der Herstellung von Polyamid 6 als auch bei der Weiterverarbeitung, miteinander stehen. Sie werden beide entscheidend von den Herstellungs- und Verarbeitungsbedingungen beeinflußt. Es wurden deshalb sehr frühzeitig und in großem Umfang Arbeiten zur Klärung der Reaktionskinetik der Polymerisation durchgeführt [1].

In der Praxis der Herstellung von Polyamidseide (PA-S) gibt es aber wesentliche technologische Parameter, die bedeutende Auswirkungen auf Viskosität und Endgruppenkonzentration des Polyamids haben. Für die Herstellung und Verarbeitung der PA-S ist es deshalb wichtig zu wissen, welche Faktoren für die Erzielung eines in der Viskosität und in der Endgruppenkonzentration gleichmäßigen Produktes von Bedeutung sind. Weiterhin ist es wichtig zu wissen, ob unter konstanten Bedingungen im technologischen Regime ein in bezug auf Viskosität und Endgruppenkonzentration gleichmäßiges Polyamid erzeugt werden kann.

Bereits bei der Herstellung des Polycaprolactams sind Faktoren wirksam, die Einfluß auf die Viskosität und die Konzentration der sich ausbildenden Endgruppen haben. Insbesondere das Verhältnis Carboxyl- zu NH_2-Endgruppen wird durch die zugefügte Menge und von der Art des Stabilisators stark beeinflußt [2, 3]. Das Nachpolymerisationsverhalten von Polyamid beim Wiederaufschmelzprozeß bzw. bei Einwirkung höherer Temperaturen (ab 100 °C) verändert die Viskosität und die Endgruppenkonzentration sehr wesentlich. Grundlegende Untersuchungen dazu wurden u. a. von *Roth* [4] sowie *Schroth* und *Beyer* [5] durchgeführt. Sie untersuchten das Kondensationsgleichgewicht der Umsetzung, die während der Nachpolymerisation abläuft:

$$R{-}COOH + H_2N{-}R' \leftrightarrow R{-}CONH{-}R' + H_2O \quad (1)$$

wobei jeweils aus zwei Makromolekülen durch Kondensation ein neues größeres Kettenmolekül entsteht. Dabei verschwinden je eine Carboxyl- und eine NH_2-Gruppe. Bei Anwendung des Massenwirkungsgesetzes und unter Berücksichtigung des geringen Umsatzes an Endgruppen bei einem hochmolekularen Produkt (DP > 150), erhält man Gleichung (2)

$$\frac{[-COOH] \cdot [-NH_2]}{[H_2O]} = K_1, \quad (2)$$

d. h., daß die Nachpolymerisation linear vom Wassergehalt der Schmelze abhängig ist.

Das hergestellte Polycaproamid wird durch zwei Verarbeitungsstufen entscheidend verändert. Die sich einstellenden Gleichgewichte werden völlig gestört. Einmal wird durch das Extraktionsverfahren der Gehalt an Monomeren und niederen Oligomeren unter 2% gesenkt, was zur Folge hat, daß beim Wiederaufschmelzen eine schnelle Rückbildung an Monomeren stattfindet. Diese Extraktrückbildung hat auf die Viskosität des Polymeren einen merklichen Einfluß, auf die Endgruppenkonzentration jedoch nicht, da immer wieder die gleiche Endgruppe am Kettenmolekül frei wird und ε-Caprolactam nicht über freie Endgruppen verfügt. Zum anderen wird durch den nachfolgenden Trocknungsprozeß das Feuchtegleichgewicht des Polyamids stark gestört. Der Wassergehalt liegt nach der Trocknung unter 0,02% und damit um eine Zehnerpotenz unter dem Gleichgewichtsgehalt. Das hat zur Folge, daß beim Wiederaufschmelzen zur Behebung der Störung des oben angeführten Gleichgewichtes Wasser durch Kondensation gemäß Gleichung (1) gebildet wird.

Die Wiedereinstellung des Gleichgewichtes ist sowohl temperatur- als auch zeitabhängig. Die diesbezüglichen Zusammenhänge wurden bereits untersucht [4, 5].

Unter der Annahme konstanter Bedingungen bei thermischen Einwirkungen auf das Polyamid, gleichbleibender Wassergehalt vorausgesetzt, müßte ein Endprodukt mit gleichmäßigen Eigenschaften erwartet werden. Daß dies nicht der Fall ist, liegt wohl daran, daß es zu viele Einflußfaktoren gibt, die bereits bei der Herstellung des Polymeren Veränderungen hervorrufen können. Das Verhalten bei der Nachpolymerisation hängt aber von den erzielten Eigenschaften des Polymeren ab.

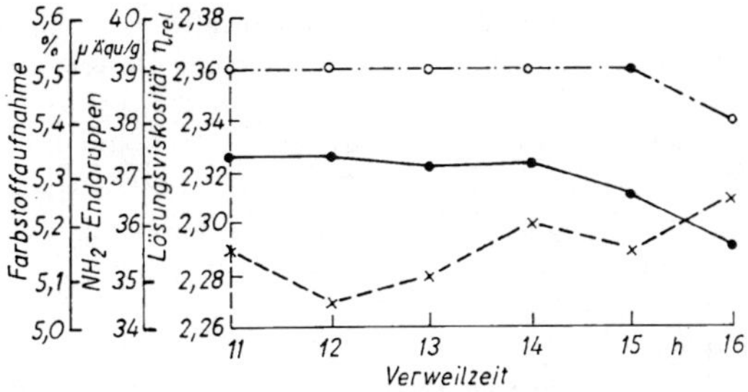

Bild 1. Veränderungen der Eigenschaften von PA 6 in Abhängigkeit von der Verweilzeit im Autoklaven
○ Farbstoffaufnahme • NH_2-Endgruppen
× Lösungsviskosität

Interessant ist in diesem Zusammenhang die von *Reinisch* [6] untersuchte Dehydratationsanomalie, die zur Veränderung des Produktes [—COOH] · [—NH_2—] führt und somit auch Einfluß auf das Nachpolymerisationsverhalten gewinnt. Bei der Herstellung des Polycaprolactams wird in quasioffenem System gearbeitet (VK-Rohr oder Autoklav), und es kann zur Störung der Äquivalenz von —COOH— und —NH_2-Endgruppen kommen. Dadurch hervorgerufene Schwankungen wirken sich dann im Nachpolymerisationsverhalten und somit in der Viskosität des Endproduktes PA-S aus.

2. *Veränderung der Lösungsviskosität und der Aminoendgruppenkonzentration während des Herstellungsprozesses*

Durch den Zusatz von Kettenreglern (Stabilisatoren) wird eine von der zugesetzten Menge abhängige Viskosität und damit im Zusammenhang stehende Konzentration an NH_2-Endgruppen erzielt. Dabei kann eine völlige Acylierung der entstehenden Aminoendgruppen nicht erreicht werden, da bei der hydrolytischen Polymerisation immer ein der Gleichgewichtswassermenge der Schmelze entsprechender Anteil Wasserstabilisierung eintritt. Die Konzentration der Aminoendgruppen ist für die Weiterverarbeitung, insbesondere für die Färbung der PA-S mit anionischen Säurefarbstoffen, von entscheidender Bedeutung. Sie unterliegt im Verlauf der Herstellung und Verarbeitung noch den durch Gleichgewichtsreaktionen gemäß Gleichung (1) bedingten Veränderungen. Für uns war es interessant zu untersuchen, welchen Schwankungen sowohl die Lösungsviskosität als auch die NH_2-Endgruppenkonzentration bereits während des Herstellungsprozesses des Polycaprolactams unterliegt. Es wurden deshalb die Stufen Polymerisation, Extraktion, Trocknung und auch die nachfolgenden näher untersucht.

2.1. *Der Einfluß der Herstellungsbedingungen des Polycaprolactams*

Moderne Verfahren zur Polymerisation sind dadurch gekennzeichnet, daß sie unter Druck, aber auch drucklos oder unter Vakuum arbeiten. Wir hatten die Möglichkeit, an Reaktoren, die unter Druck (Autoklaven) und drucklos (VK-Rohre) arbeiten, Untersuchungen anzustellen. Es kam uns darauf an, die Gleichmäßigkeit des hergestellten Polycaprolactams zu untersuchen und zwischen drucklosen und Druckverfahren zu vergleichen.

Im Bild 1 sind die Ergebnisse der Untersuchungen eines im Autoklaven erzeugten Polyamids dargestellt. Es wurde neben der Lösungsviskosität und der NH_2-Endgruppenkonzentration noch die Aufnahmefähigkeit für einen sauren Farbstoff untersucht. Diese Untersuchungen wurden im Hinblick auf spätere Verarbeitungsstufen vorgenommen, werden aber bereits hier kurz kommentiert.

Der Gießprozeß am Autoklaven nimmt längere Zeit in Anspruch, so daß das Polyamid unterschiedlich lange Zeit im schmelzflüssigen Zustand verweilt (0 bis 5 h vom Beginn des Gießprozesses gerechnet). Aus den aufgetragenen Kurven ist zu entnehmen, daß die Lösungsviskosität mit zunehmender Gießdauer schwach ansteigt,

$$\eta_{rel0-2} = 2{,}28, \quad \eta_{rel5} = 2{,}31.$$

Dementsprechend sinkt die NH_2-Endgruppenkonzentration und damit im Zusammenhang auch die Farbstoffaufnahme. Diese Tendenz, die sich hier nur andeutet, kann als eine leichte Nachpolymerisation betrachtet werden, da durch intensive N_2-Spülung bis zur Beendigung des Polymerisationsprozesses eine Störung des Wassergleichgewichtes nicht ausgeschlossen scheint oder eine entsprechende Dehydratation, wie sie von *Reinisch* [6] gefunden wurde, eingetreten sein kann.

Die beobachtete Veränderung der Lösungsviskosität (LV) um —0,03 ist jedoch äußerst gering. Sie läßt die Schlußfolgerung zu, daß das Autoklavenpolymerisat einer Charge sehr gleichmäßig in bezug auf Viskosität und Endgruppengehalt ist, zumal eine intensive Vermischung des Granulates durch die nachfolgenden Behandlungsstufen erfolgt, durch die die geringe Inhomogenität ausgeglichen wird.

An VK-Rohren herrschen andere Verhältnisse (kontinuierlicher Betrieb) als bei Autoklaven. Es kam bei den Untersuchungen hier darauf an festzustellen, welche Gleichmäßigkeit über einen längeren Zeitraum bei konstanter Verweilzeit der Schmelze im Reaktionsgefäß erzielt wird.

In den Bildern 2 und 3 sind wiederum die Kurven für die LV, die Endgruppenkonzentration und die Anfärbbarkeit für das während 20 h erzeugte Polycaprolactam aufgetragen. Es handelt sich dabei um VK-Rohre vom Z-Typ, die unter gleichen Bedingungen gefahren wurden.

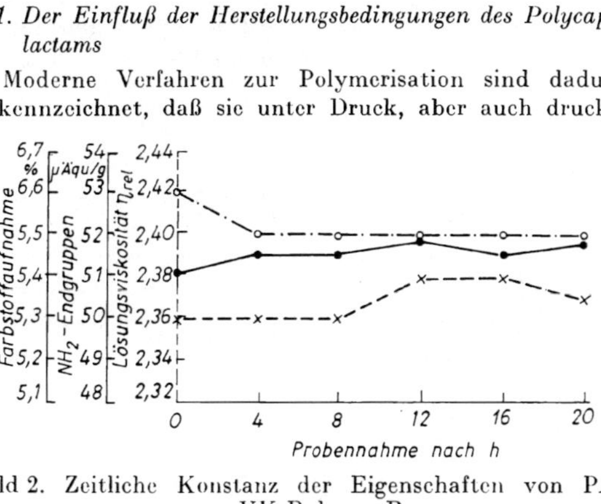

Bild 2. Zeitliche Konstanz der Eigenschaften von PA 6 aus VK-Rohren: R_1
○ • × wie Bild 1

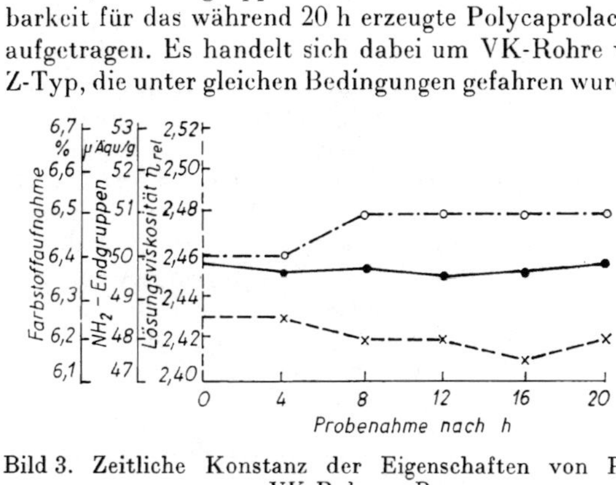

Bild 3. Zeitliche Konstanz der Eigenschaften von PA 6 aus VK-Rohren: R_2
○ • × wie Bild 1

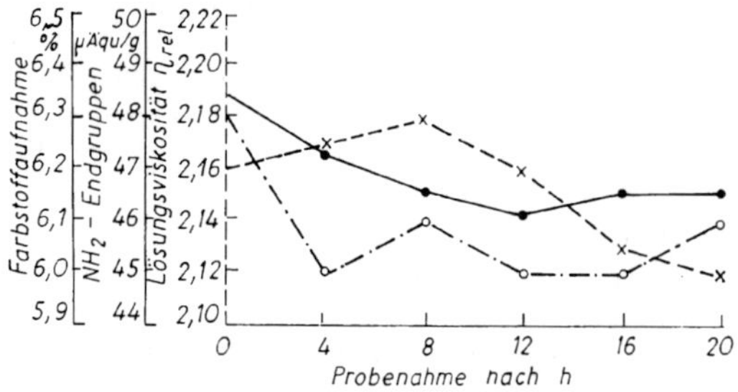

Bild 4. Zeitliche Konstanz der Eigenschaften von PA 6 aus VK-Rohren: R_3
○ • × wie Bild 1

Es fällt sofort auf, daß beide Aggregate ein Polymeres mit äußerst konstanten Viskositäts- und Endgruppenwerten liefern. Die auftretenden Schwankungen von η_{rel} um $\pm 0{,}01$ Einheit liegen innerhalb der Fehlergrenze der Meßmethode und sind zu vernachlässigen. Das gleiche trifft für die ermittelten Werte der NH_2-Endgruppenkonzentration zu. Eine derartige Konstanz der Parameter des Polymeren ist auf Grund der konstanten Fahrweise auch erwartet worden. Bedeutungsvoll ist aber der Unterschied, der zwischen dem als R_1 und R_2 bezeichneten VK-Rohr sowohl in der Viskosität als auch im NH_2-Endgruppengehalt gefunden worden ist. Er beträgt immerhin 0,05 Einheiten bei η_{rel} und 1,96 μ Äqu/g bei den NH_2-Endgruppen, wobei der höheren Viskosität die geringere Endgruppenkonzentration entspricht.

Zur Erklärung dieser Diskrepanz muß man annehmen, daß am R_1 ein höherer Verlust an Kettenstabilisator eingetreten ist. Bekanntlich findet an den VK-Rohren in der ersten Reaktionszone (Einlaufzone des Caprolactam/Stabilisator-Gemisches) eine intensive Entgasung der niedrigviskosen Schmelze statt. Dabei wird mit dem verdampfenden Wasser auch eine geringe Menge an Stabilisator mitgerissen, der nicht in die Reaktion eingeht. Hier ist also ersichtlich, daß trotz gleicher technologischer Parameter bemerkenswerte Unterschiede auftreten können, die durch offenbar technische Parameter bedingt sind.

Untersuchungen an einem weiteren VK-Rohr des gleichen Typs (R_3) ergaben, daß die Verfahrensparameter einen recht entscheidenden Einfluß haben. Die Verweilzeit war gegenüber R_1 und R_2 auf 12 h reduziert (s. Tabelle 2) und dementsprechend die Durchsatzmenge um 100% erhöht.

Die ermittelten Meßergebnisse sind im Bild 4 dargestellt. Es fällt sofort auf, daß hier sehr bemerkenswerte Schwankungen bei den ermittelten Kennwerten auftreten. Sie betragen bei $\eta_{rel} = \pm 0{,}03$ Einheiten und im NH_2-Endgruppengehalt $\pm 1{,}19$ μ Äqu/g. Dementsprechend verändert sich auch die Farbstoffaufnahmefähigkeit des Granulates. Die Veränderungen der LV und des Endgruppengehaltes sind gegenläufig, wie es auch der Reaktion des Polymeren entspricht.

Es können folgende Ursachen für die ermittelten Abweichungen diskutiert werden:

1. Dem eingesetzten ε-Caprolactam wurde zur Erzielung einer höheren LV eine geringere Menge an Stabilisator und damit auch an Wasser zugesetzt. Es besteht die Möglichkeit, daß beim Verdampfen des Wassers auf Grund der doppelten Produktmenge unterschiedliche Mengen an Stabilisator mitgerissen werden und demnach nicht in die Reaktion eingehen können.
2. Die Durchsatzzeit des VK-Rohres war extrem niedrig. Es besteht die Möglichkeit, daß sich infolge der dadurch bedingten hohen Strömungsgeschwindigkeit Entmischungsvorgänge derart abspielen, daß teilweise anpolymerisiertes Polycaprolactam mit niederer LV mit in der Polymerisation weiter fortgeschrittenem Produkt zum Ausstoß gelangt. Durch derartige Vorgänge sind die auftretenden Schwankungen einfach zu erklären. Untersuchungen über Verweilzeitspektren haben ergeben, daß in Abhängigkeit von der Durchsatzzeit und damit im Zusammenhang von der Strömungsgeschwindigkeit die Spektren sehr starken Veränderungen unterliegen und daß sogenannte „Durchfallerscheinungen" auftreten [7], wodurch diese Annahme unterstützt wird.

Vergleicht man die gefundenen Endgruppenkonzentrationen, so kann man feststellen, daß im Autoklaven, bedingt durch die Umsetzung unter Druck, die Acylierung der NH_2-Endgruppen am größten ist. Das ist ohne weiteres zu verstehen, da die zugesetzte Stabilisatormenge in die Reaktion eingeht. Auch am VK-Rohr R_3 ist der Acylierungsgrad noch recht hoch, was darauf hinweist, daß der Verlust an Stabilisator durch Verdampfung nicht so bedeutend ist. Damit wird auch die erste Erklärung unwahrscheinlich.

Zusammenfassend kann man feststellen, daß sowohl in Autoklaven als auch in VK-Rohren ein Polycaprolactam mit sehr guter Konstanz der Lösungsviskosität in einer Charge oder über einen längeren Zeitraum erzielt werden kann. Analog sind auch die erzielten Endgruppenwerte konstant. Voraussetzung sind aber konstante und dem Optimum der Fahrweise der Aggregate angenäherte Bedingungen. Merkliche Unterschiede bei gleicher Technologie bestehen zwischen zwei Aggregaten vom gleichen Typ (R_1, R_2) und sind sicher auf technische Ursachen zurückzuführen. Äußerst aufschlußreich dürfte jedoch sein, daß bei Anwendung extremer Verfahrensparameter, hier wurde nur die Verweilzeit im VK-Rohr untersucht, doch recht beträchtliche Schwankungen auftreten, die durch die nachfolgenden Bearbeitungsstufen nicht beseitigt werden und im Endeffekt zu einer PA-S mit schwankenden Qualitätsparametern (insbesondere NH_2-Endgruppenkonzentration) innerhalb einer Aufmachungseinheit führen können.

2.2. *Der Einfluß der Extraktion und Trocknung*

Extraktions- und Trocknungsprozesse ergeben zwar wesentliche Veränderungen der Gleichgewichte des Polymeren (Umsetzung und Wassergehalt), sollten jedoch auf Grund der zur Anwendung kommenden Temperaturen nicht zu Veränderungen der Viskosität und der Endgruppenkonzentration führen. Sie wurden in die Untersuchungen einbezogen, um lückenlos die möglichen Einflußfaktoren zu erfassen.

In Tabelle 1 sind Untersuchungsergebnisse zusammengefaßt. Dabei ist zu berücksichtigen, daß aus technologischen Gründen das Granulat der VK-Rohre R_1 und R_2 zu einer Extraktionscharge vereinigt werden mußte.

Tabelle 1. Veränderung der Eigenschaften von PA 6 durch Extraktion und Trocknung

	VK-Rohr 1				VK-Rohr 2				VK-Rohr 3			
	Extr. %	LV η_{rel}	NH_2-Endgr. µ Äqu/g	FA %	Extr. %	LV η_{rel}	NH_2-Endgr. µ Äqu/g	FA %	Extr. %	LV η_{rel}	NH_2-Endgr. η Äqu/g	FA %
unbehandelt	9,9	2,37	51,62	6,5	12,2	2,42	49,67	6,5	11,2	2,15	46,98	6,1
					Mischcharge $R_{1,2}$							
					Extr. %	LV η_{rel}	NH_2-Endgr. µ Äqu/g	FA %				
extrahiert					2,5	2,43	49,83	6,3	2,3	2,22	47,89	6,0
getrocknet					2,2	2,47	49,20	6,2	2,4	2,24	46,09	5,8

Die weiteren Untersuchungsergebnisse werden deshalb unter $R_{1,2}$ aufgeführt. Es kam uns bei den Ergebnissen darauf an, Vergleiche mit den Ausgangswerten anzustellen. Man erkennt, daß durch die Extraktion eine scheinbare Erhöhung der LV um durchschnittlich 0,06 Einheiten eintritt. Eine weitere Erhöhung der LV tritt bei der Trocknung ein, so daß insgesamt eine Erhöhung um 0,1 Einheiten festzustellen ist. Diese Erhöhung ist auf die Entfernung der niedermolekularen Anteile zurückzuführen, wie von *Schroth* und *Beyer* [5] bereits nachgewiesen und aus der Praxis bekannt war. Ein geringer Teil kann auf die für die Trocknung benötigte Zeit (14 h) und Temperatur (125 °C) zurückgeführt werden.

Die Veränderungen der NH_2-Endgruppenkonzentration durch den Extraktionsprozeß ist gering. Dabei wurden die Ergebnisse durch Korrekturen (s. Abschn. 3.5) eventuell noch geringfügig beeinflußt. Schwierig ist dabei der Vergleich zwischen den Ergebnissen von R_1 und R_2 mit $R_{1,2}$. Die Ergebnisse von R_3 zeigen einen leichten Anstieg im Endgruppengehalt, der unbedeutend ist. Durch die Extraktion wird am NH_2-Endgruppengehalt des Polymeren keine Änderung hervorgerufen. Das muß bei der Einwaage des Polymeren berücksichtigt werden. Ein leichter Anstieg der LV bei dem Granulat aus R_3 nach dem Trocknungsprozeß ist zu erkennen. Es gilt hier das vorhin bereits Gesagte. Der Wert der Mischcharge ist erst im Hinblick auf die Weiterverarbeitung des Granulates zu PA-S von Bedeutung, wobei zu berücksichtigen ist, daß der Mischcharge nun die gleiche Inhomogenität zukommt, wie sie bei R_3 aufgetreten ist.

Es kann festgestellt werden, daß durch den Extraktions- und Trocknungsprozeß keine wesentliche Veränderung der Viskosität und des Endgruppengehaltes eintritt.

3. *Versuchsdurchführung*

3.1. *Bestimmung der Lösungsviskosität*

Es wurde die Viskosität einer 1%igen Lösung von Polyamid in 96,5%iger H_2SO_4 bei 25 °C im *Ostwald*-Viskosimeter gemessen und η_{rel} berechnet.

3.2. *Bestimmung der Aminoendgruppenkonzentration*

Zur Bestimmung wurden 20 mg PA 6 in 20 ml Lösungsmittelgemisch aus Phenol und wasserfreiem Methanol (1:3 Masseteile) gelöst und mit 0,02 N methanolischer HCl unter Verwendung eines Mischindikators aus gleichen Teilen Dimethylgelb und Methylenblau bis zum Farbumschlag von grün über grau nach violett titriert. Eine Fehlerbetrachtung ergab für $n = 10$ $s = \pm 0{,}13$ µÄqu/g, $v = 0{,}46$, $q_{95} = \pm 0{,}20$.

3.3. *Bestimmung des Farbstoffaufnahmevermögens*

Das gemahlene und fraktionierte Granulat (Korngröße 1,0 bis 1,6 mm) wurde ohne Hilfsmittelzusatz im Flottenverhältnis 1:500 bei einem Farbstoffangebot von 8% der zu färbenden Menge an PA durch Kochen unter Rückfluß gefärbt. Als Farbstoff wurde Alizarinlichtblau eingesetzt. Die zur Erreichung des Färbegleichgewichtes erforderliche Färbedauer wurde durch Vorversuche ermittelt. Sie betrug für Granulat 12 h. Nach der Färbung wurde die Flotte zur Ermittlung des Farbstoffverlustes mit dem *Lange*-Kolorimeter kolorimetriert. Anhand von Eichkurven wurden die erforderlichen Umrechnungen vorgenommen.

3.4. *Polymerisationsaggregate*

Einige Angaben zur Polymerisation sind der Tabelle 2 zu entnehmen. Die angegebenen Temperaturen der VK-Rohre sind von Reaktionszone zu Zone abgestuft.

3.5. *Probenahme und Aufbereitung*

Am Autoklaven erfolgte die Probenahme stündlich, an den VK-Rohren alle 4 h. Nach der Extraktion und Trocknung wurde jeweils eine Mischprobe entnommen.

Die Proben wurden vor der Untersuchung bis zur Gleichgewichtseinstellung im Normklima gelagert (20 °C, 65% rel. Feuchte) und eingewogen.

Tabelle 2. Wichtige Parameter der Polymerisation

Aggregat	Temperatur °C	Verweilzeit h	Druck at Überdruck
Autoklav	260···275	11[1])	6[2])
VK-Rohr R_1	260···280	24	0
,, R_2	260···280	24	0
,, R_3	260···280	12	0

[1]) Zeit bis zum Beginn der Austragung.
[2]) Es wurde nur 6 h unter Druck gearbeitet, dann wurde drucklos weitergefahren.

Es wurden von allen Proben Extraktwerte ermittelt und die Einwaagen auf 3% extrahierbare Anteile korrigiert. Dieser Wert entspricht dem Mittelwert der PA-S. Eine nochmalige Extraktion des Granulates auf 0% Extraktgehalt im Labor wurde wegen möglicher Veränderungen nicht vorgenommen.

5. Literatur

[1] *Klare, H.:* Synthetische Fasern aus Polyamiden. Technologie und Chemie. Berlin: Akademie-Verlag 1963.
[2] *Aleksandru, L., Komann, L., Rigesku, T.,* und *Popovic, A.:* Einfluß der Natur des Stabilisators auf die Stabilität des Polycaprolactams. Chim. Volokna (Chem. Fasern) (1962) 4, S. 4–8.
[3] *Stiller, D.:* Untersuchungen mono- und bivalenter Stabilisatoren bei der hydrolytischen Polymerisation von ε-Aminocaprolactam. Dissertation TU Dresden 1965.
[4] *Roth, W.:* Über die Wirkung von Stabilisatoren, Blockierung von Endgruppen und Nachpolymerisation von Polycaprolactamschmelzen. Unveröffentl. Forschungsberichte CFW Schwarza 1955/56.
[5] *Schroth, R.,* und *Beyer, P.:* Über die Nachpolymerisation von Polyamidschmelzen. Faserforsch. u. Textiltechnik **16** (1965) S. 438–443; S. 552–557.
[6] *Reinisch, G.:* Reaktionsanalytik von Polycaprolactamschmelzen. Habilschrift Martin-Luther-Universität Halle 1970.
[7] *Turtenwald, L.:* Verweilspektren von VK-Rohren. Unveröffentl. Forschungsbericht CFW Schwarza 1967.

Eingegangen am 20. September 1971

Die Lichtechtheit der mit kationischen Farbstoffen gefärbten Polyacrylnitrilfaserstoffe in Abhängigkeit von der Copolymerzusammensetzung und den Erspinnungsbedingungen

Günther von Hornuff

Technische Universität Dresden, Sektion Chemie, und

Gerhard Hirsch und Rudolf Schiffner

Deutsche Akademie der Wissenschaften zu Berlin, Institut für Faserstoff-Forschung in Teltow-Seehof

DK 678.745.32-13:677.494.745.32:677.842.311:677.016.47:535.683:677.014.413.6

Versuchs- und Handelspolyacrylnitrilfaserstoffe, deren chemische Zusammensetzung und Erspinnungsbedingungen bekannt sind, wurden mit kationischen Farbstoffen gefärbt und in Xenotest-Apparaten belichtet. Die Untersuchungen ergaben eine Abhängigkeit der Lichtechtheit von den Erspinnungsbedingungen und dem chemischen Charakter der gefärbten Fasern.

Светостойкость окрашенных катионными красителями полиакрилонитрильных волокон в зависимости от состава сополимера и условий формования

Опытные и технические полиакрилонитрильные волокна с известным химическим составом и известными условиями формования окрашивались катионными красителями и испытывались на светостойкость окраски в аппаратах ,,Ксенотест''. Было установлено, что светостойкость зависит как от условий формования, так и от химического состава окрашенных волокон.

The Lightfastness of Polyacrylonitrile Fibres Dyed with Cationic Dyes in Dependence of Copolymer Composition and Spinning Conditions

Experimental and commercial polyacrylonitrile fibres of known chemical composition and spinning conditions were dyed with cationic dyes and exposed to light in a Xenotest device. The experiments proved the lightfastness of the dyed fibres to depend on the spinning conditions and the chemical composition.

1. Bezeichnungen

AN	= Acrylnitril
VA	= Vinylacetat
MA	= Methylacrylat
NaAS	= Natriumallylsulfonat
NaMAS	= Natriummethallylsulfonat
I	= Itaconsäure
DMF	= Dimethylformamid
AIBN	= α, α'-Azodiisobutyronitril
RT	= Richttyptiefe
G4 (17%10°)	= Die Faser G 4 wurde aus 17%iger Spinnlösung bei einer Fällbadtemperatur von 10 °C ersponnen

[1]) Auszug aus der Dissertation von *Gerhard Hirsch*, Technische Universität Dresden, Fakultät für Naturwissenschaften und Mathematik, Sektion Chemie 1970.

2. Einleitung

Jeder textile Faserstoff muß neben günstigen mechanisch-technologischen Eigenschaften auch gute Farbechtheiten aufweisen, anderenfalls ist sein Einsatz auf textilem Gebiet fraglich. Neben der Wasch-, Reib-, Schweiß-, Bügel-, und Chlorechtheit ist die Lichtechtheit einer Färbung von besonderem Interesse. Gefärbte Polyacrylnitrilfaserstoffe zeigen, je nach Fasertyp, oft unterschiedliche Lichtechtheiten. Diese Unterschiede werden durch die Herstellungsbedingungen und den chemischen Charakter der PVY-Faserstoffe bedingt. In der vorliegenden Arbeit werden Ergebnisse über den Einfluß der Spinnparameter und der chemischen Zusammensetzung der Polymerisate auf die Lichtechtheit der mit kationischen Farbstoffen gefärbten PVY-Versuchs- und -Handelsfasern mitgeteilt.

3. Versuchsmethodik

3.1. Charakteristik der PVY-Fasern

Für die Lichtechtheitsuntersuchungen wurden Versuchs- und Handelsfasern verwendet. Mit Ausnahme dreier Versuchsfasern, die uns freundlicherweise das Institut für Kunst- und Synthesefasern in Łodź zur Verfügung stellte, wurden die anderen Versuchsfasern auf einer Laborspinnanlage des Instituts für Faserstoff-Forschung in Teltow-Seehof ersponnen. Zum Einsatz gelangten Homo- und Copolymerisatfasern mit Vinylacetat-, Methylacrylat-, Natriumallylsulfonat-, Natriummethallylsulfonat- und Itaconsäuregehalt, wobei in einzelnen Versuchsreihen folgende Parameter variiert wurden: Fällbadtemperatur, Spinnlösungskonzentration, relative Molekülmasse, Reckverhältnis und Nachbehandlung.

3.2. Reinigung der Fasern

Präparierte Fasern wurden vor dem Färben 6 h mit einem Methanol/Äther-Gemisch (1:1) im Soxhlet-Apparat extrahiert.

3.3. Farbstoffauswahl

Für die Belichtungsversuche wurden kationische Cyanin-, Oxazin- und Anthrachinonfarbstoffe ausgewählt, deren Lichtechtheiten bei 1/3 Richttyptiefe auf PVY-Fasern meist um 4 oder 5 liegen.

3.4. Färbebedingungen

x% kationischer Farbstoff,
3% Essigsäure (40%ig),
1% Natriumacetat krist.
Flottenverhältnis 1:50, Eingangstemperatur 50 °C. Nach Erreichen der Kochtemperatur wurde 1 1/2 h kochend weitergefärbt, dann gründlich mit dest. Wasser gespült und bei ca. 20 °C an der Luft getrocknet.

3.5. Herstellung der Prüflinge

Garne wurden in mehreren engen Lagen auf Belichtungskarten gewickelt. Die Faserflocke wurde mit einem Kamm parallelisiert, um eine gleichmäßige Oberfläche mit wenig abstehenden Enden zu erhalten, und auf Karton geheftet. Das Abdecken der Proben erfolgte mit lichtundurchlässigem Karton.

3.6. Belichtungseinrichtung und Durchführung der Belichtung

Die Belichtung der gefärbten Faserproben erfolgte bei Wendelauf entweder im umgebauten, mit einer Klimatisierungseinrichtung versehenen Belichtungsapparat Xenotest WL Typ PL 671 oder im Xenotest WL 450 bei 65% relativer Luftfeuchte und einer Probenraumtemperatur von 24 bis 27 °C. Kontrollversuche ergaben, daß die Ergebnisse beider Apparate praktisch übereinstimmen. Die Versuche wurden gemäß TGL 0-54003 durchgeführt, wobei die Anweisungen sinngemäß auf das Belichten mit künstlichem Licht — Xenonbogenlicht — übertragen wurden. Als vorteilhaft erwies sich ein Pressen der Proben vor dem Mustern, um die durch das Abdecken verursachten Druckstreifen zu entfernen.

3.7. Bewertung der Lichtechtheit

Die Bewertung erfolgte gemäß TGL 0-54003. Die Genauigkeit der Lichtechtheitsbewertung beträgt im allgemeinen ± 1/2 Note [1]. Bestimmt man jedoch die Lichtechtheit der gefärbten Proben gleichzeitig, d. h., belichtet man die gestuft abgedeckten Proben unter vollkommen gleichen Bedingungen und mustert sie nebeneinander ab, so wird nach unseren Erfahrungen innerhalb *dieser* Belichtungsreihe eine Mustergenauigkeit von ± 1/4 Note erreicht. *E. Brunnschweiler* [2] sowie *G. Schwen* und *G. Schmidt* [3] vertreten eine ähnliche Ansicht.

3.8. Belichtung ungefärbter PVY-Fasern

Bei Vorversuchen wurde festgestellt, daß die meisten der von uns verwendeten PVY-Fasern bei längeren Belichtungszeiten heller wurden. Allerdings traten die ersten gerade sichtbaren Veränderungen frühestens nach Belichtungszeiten auf, in denen Typ V des Blaumaßstabes in Stufe 4 des Graumaßstabes verändert war. Da die Lichtechtheiten der untersuchten, gefärbten PVY-Fasern fast ausschließlich zwischen den Blaumaßstabstypen II und V liegen, ist eine Verfälschung der Belichtungsergebnisse durch Veränderung der Eigenfarbe der Fasern nicht zu befürchten.

4. Belichtungsversuche

4.1. PVY-Faserreihe G 4 bis G 14

Innerhalb dieser Versuchsreihe standen 26 PVY-Fasern zur Verfügung, die aus 17-, 18- und 20%igen Spinnlösungen und bei Fällbadtemperaturen von 10 bzw. 30 °C hergestellt worden waren. Es wurden Homo- und Copolymerisatfasern ersponnen, wobei als Cokomponenten Vinylacetat und Natriumallylsulfonat in unterschiedlichen Mengen einpolymerisiert wurden. Die Ausgangssubstanzen waren Fällungspolymerisate, die mittels des Redoxsystems $S_2O_8^{--}$/$S_2O_5^{--}$/Fe^{++} im wäßrigen Medium hergestellt worden waren. Spinnlösungstemperatur: 60 °C; Fällbad: 60 Vol.% DMF + 40 Vol.% Wasser; 1. Reckbad: Wasser 87 °C; 2. Reckbad: Wasser 97 °C; Gesamtreckung: 6fach; Feinheit: 0,33 tex; Nachbehandlung: über Nacht wässern, 30 min in Wasser von 100 °C schrumpfen und 2 h bei 80 °C trocknen.

In Tabelle 1 werden einige Belichtungsergebnisse der in 1/3 und 1/1 Richttyptiefe gefärbten Fasern angegeben; Tabelle 2 zeigt Lichtechtheiten dieser Fasern bei gleichen Mengen fixierten Farbstoffes.

Diskussion

Vergleicht man die Lichtechtheiten aller ausgeführten Färbungen in Abhängigkeit von der Fällbadtemperatur, so ergeben sich bei den Homopolymerisatfasern und den Copolymerisatfasern mit Vinylacetat keine Unterschiede. Dagegen treten bei den PVY-Fasern, die Natriumallylsulfonat als Cokomponente enthalten, geringe Lichtechtheitsunterschiede auf. Ungefähr die Hälfte der bei 10 °C gesponnenen und gefärbten Fasern besitzen eine bessere Lichtechtheit als die bei 30 °C gesponnenen Fasern. Die Lichtechtheitsunterschiede sind nicht groß und betragen maximal nur 1/2 Echtheitsnote. Es kann daher lediglich von einer Tendenz zur Erhöhung der Lichtechtheit bei niedrigeren Spinntemperaturen gesprochen werden.

Eine Änderung der Spinnlösungskonzentration oder der relativen Molekülmasse der Polymeren hat keinen Einfluß auf die Lichtechtheit der gefärbten PVY-Fasern. Auch das Einpolymerisieren von Vinylacetat verändert die Lichtechtheit dieser Fasern gegenüber den Homopolymerisatfasern nicht.

Bei den Fasern G 8, G 12 und G 13, die als Cokomponente unterschiedliche Mengen Natriumallylsulfonat enthalten, ist eine deutliche Verbesserung der Lichtechtheit gegenüber den Homopolymerisatfasern und Fasern mit Vinylacetatgehalt festzustellen. Je nach Farbstoff beträgt die Erhöhung bis zu 1 1/2 Noten; sie *von Hornuff, Hirsch* und *Schiffner:* Die Lichtechtheit der mit kationischen Farbstoffen gefärbten Polyacrylnitrilfaserstoffe in Abhängigkeit von der Copolymerzusammensetzung und den Erspinnungsbedingungen

Tabelle 1. Lichtechtheiten der in 1/3 und 1/1 Richttyptiefe gefärbten PVY-Fasern der Versuchsreihe G 4 bis G 14

Faser	Copolymer-Zusammensetzung Masse % AN	VA	NaAS	Spinn-lsg.-Konz. %	Fäll-bad-temp. °C	rel. Mol.-Masse	Lichtechtheit Xenotest PL 671 Astr. rosa FG 1/1	Astr. rot 6 B 1/1	Astra-phloxin FF 1/1	Deorl. blau 5 G 1/3	Astr. blau RL 1/3 RT
G 4	100	—	—	17	10	70000	2—3*	2	2	4	4—5
				17	30		2—3*	2	2	3—4*	4—5
				18	30		2—3*	2	2	3—4*	4—5
				20	30		2—3*	2	2	4	4—5
G 6	97,5	2,5	—	17	10	76000	3	2	2	4	4—5
				17	30		3	2	2	3—4*	4—5*
G 7	94,0	6,0	—	17	10	77000	3	2	2	4—5	5
				17	30		3	2	2	4	5
G 8	99,1	—	0,9	17	10	79000	3—4	3	3	5	4—5
				17	30		3—4	3	2—3	4—5	4—5
G 12	99,1	—	0,9	17	10	64000	3—4	3	2—3	4—5	5—6
				17	30		3	3	2	4	5—6
				20	10		3—4	3—4	2—3	4—5	5—6
				20	30		3—4	3—4	2—3	4—5	5
G 13	98,1	—	1,9	17	10	57000	4	3	3	4—5	5
				17	30		3	3	2—3	3—4	4—5
				20	10		4	4	3	5	5—6
				20	30		4	3—4*	3	4—5	4—5
G 14	94,7	4,5	0,8	17	10	66000	3	3—4	2—3	4	5—6
				17	30		3	3—4	2	4	5—6
				20	10		4	3—4	2—3	4—5	5—6
				20	30		3—4	3—4	2	4	5—6
G 11	91,3	8,0	0,7	17	10	62000	3	3—4	2—3	4	5—6
				17	30		3—4	3—4	2—3	3—4*	5—6
				20	10		3—4	3—4	2—3	4—5	5—6
				20	30		3—4	3—4	2—3	4	5—6

* Die Lichtechtheit der Färbung ist zusätzlich um 1/4 Echtheitsnote besser.

Tabelle 2. Lichtechtheiten gefärbter PVY-Fasern der Versuchsreihe G 4 bis G 14 bei gleichen Mengen fixierten Farbstoffes

Faser	Copolymer-Zusammensetzung Masse % AN	VA	NaAS	Spinnlsg.-Konz. %	Fällbad-temp. °C	rel. Mol.-Masse	Lichtechtheit Xenotest WL 450 Astrazon-rot 6 B 1,7%	Astrazon-blau RL 2,5%
G 4	100	—	—	17	10	70000	2—3	4—5
				17	30		2—3	4—5
				18	30		2—3	4—5
				20	30		2—3	4—5
G 6	97,5	2,5	—	17	10	76000	2—3	4—5
				17	30		2—3	4—5
G 7	94,0	6,0	—	17	10	77000	2—3*	4—5*
				17	30		2—3	4—5*
G 8	99,1	—	0,9	17	10	79000	3—4	5—6
				17	30		3—4	5
G 12	99,1	—	0,9	17	10	64000	3—4	5—6*
				17	30		3	5*
				20	10		3—4	5—6
				20	30		3—4	5—6
G 13	98,1	—	1,9	17	10	57000	3—4*	5—6
				17	30		3—4	5
				20	10		4	5—6
				20	30		3—4*	5—6

*) s. Tabelle 1.

Tabelle 3. Abhängigkeit der Lichtechtheit der gefärbten PVY-Faser G 21 von der Fällbadtemperatur

99 Masse% AN + 1 Masse% NaAS; Spinnlösungskonz.: 17%; Reckverh.: 1:6; 1/2 h in Wasser von 100 °C geschrumpft, getrocknet 2 h bei 80 °C

Fällbad-temp. °C	Lichtechtheit Xenotest WL 450 1/3 RT			
	Astrazonrot 6 B	Astrazonrosa FG	Deorlinblau 5 G	Astrazonblau RL
10	3	3—4	4—5*	5—6
20	3	3—4	4—5	5
30	3	3—4	4—5	5

* s. Tabelle 1.

Tabelle 4. Die Lichtechtheit gefärbter PVY-Copolymerisatfasern mit NaAS-Gehalt im Vergleich zu einer PVY-Faser mit Methylacrylat als Cokomponente

Faser	Copolymer-Zusammensetzung Masse %			Lichtechtheit 1/3 RT Xenotest WL 450			
	AN	M	NaAS	Astraphloxin FF extra	Astrazon-rot 6 B	A.-rot-violett FRR	Astrazonblau BG
LR 1073	92,0	8,0	—	2	3	2—3	3—4
LR 1097	94,0	4,6	1,4	2—3	3—4	3	4
LR 1092	92,0	5,2	2,8	2—3*	4	3	4

Tabelle 5. Die Lichtechtheit gefärbter PVY-Copolymerisatfasern mit NaAS-Gehalt im Vergleich zu einer PVY-Faser mit Methylacrylat als Cokomponente

Faser	Copolymer-Zusammensetzung Masse %			Lichtechtheit 1/3 RT Xenotest WL 450			
	AN	M	NaAS	Deorlinblau 5G	Astrazonblau RL	Astrazonrot 6B	Astrazonrosa FG
LK 138	92,0	8,0	—	4	4	3	3
LR 1097	94,0	4,6	1,4	4—5	4—5	3—4	3—4
LR 1092	92,0	5,2	2,8	4—5*	4—5*	4	3—4

Tabelle 6. Die Lichtechtheit gefärbter PVY-Copolymerisatfasern mit NaMAS-Gehalt im Vergleich zu einer PVY-Faser mit Vinylacetat als Cokomponente

Faser	Copolymer-Zusammensetzung Masse %			Lichtechtheit Xenotest WL 450			
	AN	VA	NaMAS	Deorlinblau 5G	Astrazonblau RL	Astrazonrot 6B	Astrazonrosa FG
Ac 151	91,0	9,0	—	3—4 (1,25)	4 (1,63)	3 (1,16)	3—4 (1,10)
AcMS 84	93,0	6,1	0,9	4* (1,29)	4—5* (1,79)	3—4 (1,21)	3—4* (1,06)
AcMS 82	98,1	—	1,9	4* (1,30)	4—5 (1,71)	3—4 (1,24)	3—4* (1,13)

* s. Tabelle 1.
In den Klammern sind die fixierten Farbstoffmengen in Prozent angegeben.

tritt bei allen verwendeten Farbstoffen auf. Auch die gefärbten ternären PVY-Fasern G 14 und G 11 zeigen bessere Lichtechtheiten als die Homopolymerisatfasern und Fasern mit Vinylacetat als Cokomponente.

Für die Herstellung von Färbungen in 1/3 bzw. 1/1 Richttyptiefe war bei den PVY-Fasern der Versuchsreihe G 4 bis G 14 die fixierte Farbstoffmenge keine feststehende Größe trotz gleicher Spinn-, Färbe- und Nachbehandlungsbedingungen. Je nach Fasertyp waren hierfür unterschiedliche Mengen erforderlich, obwohl sämtliche Fasern dieser Versuchsreihe im mikroskopischen Querschnittsbild eine vollkommen gleichmäßige Durchfärbung zeigten. Die PVY-Fasern mit NaAS als Cokomponente (Fasern G 8, G 12 und G 13) benötigten zum Erreichen der Richttyptiefen weniger fixierten Farbstoff als die Homopolymerisatfasern und Fasern mit Vinylacetatgehalt. Wie ein Vergleich der Tabellen 1 und 2 zeigt, erhöhen sich die Lichtechtheitsunterschiede zwischen den Fasern mit und ohne NaAS-Gehalt noch weiter, wenn auf gleiche Mengen fixierten Farbstoffes gefärbt wird.

Zwischen den 30 min in Wasser von 100 °C geschrumpften, anschließend 2 h bei 80 °C getrockneten und gefärbten Fasern und den im spinnfeuchten Zustand gefärbten und an der Luft bei ca. 20 °C getrockneten Fasern der Versuchsreihe G 4 bis G 14 ergaben sich keine Unterschiede in der Lichtechtheit.

Tabelle 7. Die Lichtechtheit gefärbter PVY-Fasern extremer Polymerzusammensetzung (24e, 24d, 24c)

Faser	Copolymer-zusammen-setzung (Masse %)	Farbstoff	Nach-behdlg.	fix. Fbst. 100%ig %	Lichtechtheit Xenotest WL 450 1/3 RT	
24e	100,0 AN	Deorlinblau 5G	gespült	0,47	4	4
		Astr. rot 6B	,,	0,43	3	3*
		Astr. blau RL	,,	0,62	3–4	3–4
		Astr. rosa FG	,,	0,42	3*	3
		A. phloxin FF	,,	—	1–2	
		Deorlinblau 5G	geseift	0,45	4	
		Astr. rot 6B	,,	0,41	3	
24d	90,1 AN + 9,9 M	Deorlinblau 5G	gespült	0,43	4	4
		Astr. rot 6B	,,	0,39	3–4	3–4
		Astr. blau RL	,,	0,57	3–4*	3–4*
		Astr. rosa FG	,,	0,34	3	3
		A. phloxin FF	,,	—	1	
		Deorlinblau 5G	geseift	0,43	4	
		Astr. rot 6B	,,	0,38	3–4	
		A. phloxin FF	,,	—	1	
24c	92,2 AN 7,8 NaAS	Deorlinblau 5G	gespült	0,51	6–7	6–7
		Astr. rot 6B	,,	0,42	5	4–5*
		Astr. blau RL	,,	0,52	7	7
		Astr. rosa FG	,,	0,31	4–5	5
		A. phloxin FF	,,	—	3	3–4
		Deorlinblau 5G	geseift	0,50	6–7	
		Astr. rot 6B	,,	0,42	4–5*	
		A. phloxin FF	,,	—	3	

* s. Tabelle 1.

4.2. Weitere PVY-Faserreihen zur Überprüfung der im Abschnitt 4.1 erhaltenen Belichtungsergebnisse

Da die von den Spinnbedingungen und der chemischen Zusammensetzung der gefärbten PVY-Fasern abhängigen Lichtechtheitsunterschiede oft nicht sehr groß sind, wurden die im Abschnitt 4.1 gemachten Aussagen an weiteren vergleichbaren Faserreihen überprüft. Verwendet wurden Fasern, die, mit Ausnahme des zu prüfenden Parameters, unter sonst analogen Bedingungen hergestellt wurden. Die Tabellen 3 bis 6 zeigen Belichtungsergebnisse einiger Versuchsreihen.

Diskussion

Die in Tabelle 3 angegebenen Belichtungsergebnisse bestätigen die Tendenz, daß die bei niedrigeren Temperaturen ersponnenen PVY-Fasern mit NaAS als Cokomponente oft bessere Lichtechtheiten besitzen als die bei höheren Temperaturen ersponnenen Fasern. In mehreren Versuchsreihen, deren Ergebnisse jedoch nicht speziell aufgeführt werden, wurde der Einfluß der rel. Molekülmasse (54000 bis 91000) und des Vinylacetat- bzw. Methylacrylatgehaltes auf die Lichtechtheit der gefärbten PVY-Fasern untersucht. Ein Einfluß der rel. Molekülmasse auf die Lichtechtheit der Färbungen ist, analog früheren Untersuchungen, nicht feststellbar. Die gefärbten PVY-Fasern mit Estergehalt besitzen praktisch dieselben Lichtechtheiten wie die entsprechenden Homopolymerisatfasern.

In den Tabellen 4, 5 und 6 werden die Lichtechtheiten gefärbter PVY-Fasern, die unterschiedliche Mengen an NaAS bzw. NaMAS als Cokomponenten enthalten, mit binären PVY-Polymerisatfasern ohne Sulfonatgehalt verglichen. Alle Fasern einer Versuchsreihe wurden unter den gleichen Bedingungen ersponnen. Die Polymerisate der Fasern mit dem Buchstaben „L" wurden nach dem Lösungspolymerisationsverfahren mit AIBN als Initiator hergestellt, die anderen mittels des Redoxsystems $S_2O_8^{--}/S_2O_5^{--}/Fe^{++}$. Ein Vergleich dieser Versuchsreihen zeigt, daß die Lichtechtheiten der gefärbten PVY-Fasern mit NaAS oder NaMAS als Cokomponenten besser sind als die der analog hergestellten Homopolymerisatfasern (nicht aufgeführt) oder Copolymerisatfasern mit Vinylacetat- oder Methylacrylatanteil. Die Lichtechtheitserhöhungen betragen in den Versuchsreihen 1/2 bis 1 Note und bestätigen die im Abschnitt 4.1 gemachte Aussage.

4.3. PVY-Fasern extremer Polymerzusammensetzung

Es wurde geprüft, ob sich die Lichtechtheitsunterschiede noch vergrößern, wenn PVY-Fasern, die einen extrem hohen Anteil an Natriumallylsulfonat enthalten, mit Homopolymerisatfasern oder Fasern mit hohem Methylacrylatanteil verglichen werden.

Herstellungsdaten der drei Versuchsfasern:

1. Faser 24e (100,0 Masse % AN):
   Lösungspolymerisation im DMF mit AIBN als Initiator; Spinnlösungstemperatur: 60 °C; Spinnlösungskonzentration: 21,1%; Fällbad: DMF/Wasser (60:40 Vol. %), Temperatur 10 °C; Reckbad: DMF/Wasser (5:95 Vol.%), Temperatur 80 °C; Reckverhältnis 1:2,4; rel. Molekülmasse: 50000.
2. Faser 24d (90,1 Masse% AN + 9,9 Masse% M):
   Spinnlösungskonzentration: 24,9%; rel. Molekülmasse: 43000; sonstige Bedingungen: wie unter Faser 24e angegeben.
3. Faser 24c (92,2 Masse% AN + 7,8 Masse% NaAS):
   Spinnlösungskonzentration: 27,2%; rel. Molekülmasse 67000; sonstige Bedingungen: wie unter Faser 24e angegeben.

Alle drei Fasern konnten in 1/3 Richttyptiefe gefärbt werden. Ein Teil des gefärbten Fasermaterials wurde gespült und bei ca. 20 °C getrocknet, ein anderer Teil nach dem Trocknen 1/2 h bei 65 °C mit 2 g/l Präwozell W-ON 100 (Buna) geseift. Die Faser 24c zeigte nur unzureichende textilphysikalische Eigenschaften (geringe Festigkeit, sehr hohe Dehnung, große Sprödigkeit).

Diskussion

Während die Färbungen der Homopolymerisatfaser und der Copolymerisatfaser mit Methylacrylatgehalt praktisch dieselben niedrigen Lichtechtheiten besitzen, sind die der gefärbten Faser mit NaAS als Cokomponente in jedem Falle viel höher (Tabelle 7). Die Lichtechtheitsunterschiede betragen 2 bis 3 1/2 Noten und sind damit wesentlich größer als in anderen Versuchsreihen, wo sie nur 1/2 bis 1 1/2 Noten ausmachten. Den größten Unterschied zeigt Astrazonblau RL, das auf den Fasern 24e und 24d die Lichtechtheit 3—4, auf der Faser 24c die Lichtechtheit 7 aufweist. Die Reproduzierbarkeit der Belichtungsergebnisse kann als gut bezeichnet werden.

Um zu prüfen, ob die niedrigeren Lichtechtheiten der PVY-Fasern 24e und 24d vielleicht durch oberflächlich abgelagerten Farbstoff bedingt sind, wurden Proben dieser gefärbten Fasern geseift. Durch Seifen oder Extrahieren mit Methanol lösten sich nur unbedeutende Farbstoffmengen von den Fasern ab. Die niedrigeren Lichtechtheiten der gefärbten Homopolymerisat- und Copolymerisatfaser mit Estergehalt im Vergleich zur Faser mit NaAS als Cokomponente werden nicht durch oberflächlich adsorbierten Farbstoff verursacht.

4.4. PVY-Copolymerisatfasern, die aus NaCNS-Lösungen ersponnen wurden

Es erschien zweckmäßig, auch die polnische PVY-Faser ANILANA, die als farbstoffaffine Komponente Itaconsäure enthält, mit in die Belichtungsversuche einzubeziehen. Für Vergleichszwecke wurden drei analog aus NaCNS-Lösung ersponnene, gefärbte Versuchsfasern, die unterschiedliche Mengen NaAS und Ester enthalten, mit belichtet.

Diskussion

Die Lichtechtheiten der gefärbten PVY-Faser ANILANA fallen gegenüber den anlog hergestellten drei Versuchsfasern gering ab (Tabelle 8). Obwohl die Verringerung nur 1/2 Note beträgt, ist sie nicht zu übersehen. Wahrscheinlich werden die etwas geringeren Lichtechtheiten der gefärbten ANILANA-Faser im Vergleich zu den Fasern mit Sulfogruppen durch die Bindung der Farbstoffkationen an die Carboxylgruppen der Itaconsäure verursacht. *R. Sureau* [4] sowie *H. Zollinger* u. Mitarb. [5, 6] sind der Ansicht, daß die Lichtechtheit kationischer Farbstoffe auf PVY-Fasern nicht, wie *J. Wegmann* [7] ausführt, auf einer mehr oder weniger ausgeprägten, covalenten Faser/Farbstoff-Beziehung beruht, sondern daß die Lichtechtheitsunterschiede auf die Natur der fasereigenen Gegenionen ($-SO_3^-$ bzw. $-COO^-$) sowie auf die Geschwindigkeit der Radialrekombination und/oder der Folgereaktionen der primär gebildeten Radikale zurückzuführen sind.

Tabelle 8. Lichtechtheiten der gefärbten Faser ANILANA

Farbstoff	Lichtechtheit Xenotest WL 450 1/3 RT
Derolinblau 5 G	5
Astrazonrot 6 B	3—4*
Astrazonblau RL	7
Astrazonrosa FG	4
Astraphloxin FF extra	3

*s. Tabelle 1.

4.5. PVY-Fasern unterschiedlicher Reckung

PVY-Lösungspolymerisatfaser LR 1139

Herstellungsdaten:

Copolymerisatzusammensetzung: 90,5 Masse% AN + 7,0 Masse% MA + 2,5 Masse% NaAS; Lösungspolymerisation in DMF mit AIBN als Initiator; rel. Molekülmasse: 67000; Spinnlösungstemperatur: 60 °C; Fällbad: 60 Vol.% DMF + 40 Vol.% Wasser, Temperatur 10 °C; Spinnlösungskonzentration: 20%; 1. Reckbad: Wasser 87 °C; 2. Reckbad: Wasser 97 °C; Reckfaktoren: 1:1, 1:4, 1:6 und 1:8; Nachbehandlung: über Nacht wässern, 30 min in Wasser von 100 °C schrumpfen und 2 h bei 80 °C trocknen.

Diskussion

Aus den Belichtungsergebnisse der Tabelle 9 ist zu erkennen, daß der Reckfaktor einen beträchtlichen Einfluß auf die Lichtechtheit der gefärbten PVY-Fasern haben kann. So betragen beispielsweise die Lichtechtheitsunterschiede zwischen den Reckungen 1:4 und 1:8,

Tabelle 9. Lichtechtheiten der unterschiedlich gereckten, gefärbten PVY-Fasern LR 1139

Farbstoff	Reckfaktor	Lichtechtheit 1/1 RT Xenotest WL 450		PL 671
Astrazonrot 6 B	1:1	4	3—4	3
	1:4	2—3	3	3*
	1:6	3	3—4	3—4
	1:8	4	4	4—5
Astrazonrosa FG	1:1	3—4		
	1:4	3		
	1:6	3—4		
	1:8	5		
Astraphloxin FF	1:1	1—2		
	1:4	1		
	1:6	2		
	1:8	3		
Deorlinblau 5 G	1:1	5	5—6	5
	1:4	4	5	4—5
	1:6	5	5—6	5
	1:8	5—6*	6	5—6*
Deorl. brl. rot 3 B	1:1	3—4		
	1:4	3		
	1:6	3—4		
	1:8	4		
Astrazonblau BG	1:1		4	
	1:4		3—4*	
	1:6		4—5	
	1:8		5—6	

* s. Tabelle 1.

je nach Farbstoff, bis zu 2 Echtheitsnoten. Diese Unterschiede beruhen keinesfalls auf verschiedenartigen Anfärbungen, denn die Querschnitte dieser Fasern sind bei allen Reckverhältnissen vollkommen gleichmäßig durchgefärbt. Kolorimetrische Untersuchungen ergaben, daß die in 1/1 Richttyptiefe gefärbten Fasern bei allen Reckfaktoren die gleiche Menge Farbstoff aufgenommen haben.

Die Färbungen der ungereckten Faser sind um 1/2 Note lichtechter als die der im Verhältnis 1:4 gereckten. Verursacht wird dies durch die unterschiedliche Feinheit der Fäden. Aus spinntechnischen Gründen mußte der Fadendurchmesser der ungereckten Faser (54 µm) größer gehalten werden als der Durchmesser der gereckten Fasern (28 bis 30 µm). Die dickere, ungereckte Faser besitzt daher eine relativ kleinere Oberfläche als die feineren Fasern.

Um die Reproduzierbarkeit der Belichtungsergebnisse zu prüfen, wurden nochmals PVY-Fasern unter den vorstehend beschriebenen Bedingungen ersponnen, gefärbt und belichtet. Diese Belichtungsversuche, deren Ergebnisse mit denjenigen der Tabelle 9 übereinstimmen und hier nicht aufgeführt werden, bestätigen eindeutig die Abhängigkeit der Lichtechtheiten dieser Versuchsreihe vom Reckverhältnis.

Im Gegensatz zu den Fasern LR 1139 sind die Lichtechtheiten anderer Reckreihen praktisch vom Reckfaktor unabhängig. Wohl weist die Hälfte der im Verhältnis 1:9 gereckten und gefärbten PVY-Fasern eine um 1/2 Note bessere Lichtechtheit auf als die entsprechenden Fasern mit dem Reckfaktor 1:5 oder 1:7, doch sind diese Unterschiede zu gering, als daß von einer deutlichen Verbesserung gesprochen werden könnte.

Die Versuchsreihe LR 1139, deren Lichtechtheit sich merklich mit dem Reckverhältnis ändert, zeigt eine starke Abhängigkeit des Wasserrückhaltevermögens, der Jodsorption, der Farbstoffaufnahme bei 100°C und der Lösezeit in Salpetersäure vom Reckfaktor. Dieses Verhalten deutet auf eine Verdichtung der Faserstruktur und eine Verminderung der inneren Oberfläche. Die Folge davon ist eine abnehmende Zugänglichkeit der amorphen Bereiche für Sauerstoff und Feuchte und damit eine reduzierte Fähigkeit der Farbstoffe zu Umsetzungen während der Belichtung.

Im Gegensatz zu der Reihe LR 1139, sind die entsprechenden Werte der Reckreihen, die keine oder nur eine geringe Abhängigkeit der Lichtechtheit vom Reckverhältnis zeigen, weniger eindeutig. In ihnen ändern sich die Meßwerte mit steigendem Reckfaktor oft nur sehr wenig, z. T. tritt sogar eine gegensätzliche Tendenz auf. Querschnittsuntersuchungen dieser Fasern lassen ein weniger homogenes Fasergefüge erkennen. Die Färbungen sind ungleichmäßiger, teilweise liegen nur Randfärbungen vor.

4.6. Die Lichtechtheit kationischer Farbstoffe auf naß- und trockengesponnenen PVY-Handels- und -Versuchsfasern

Im Rahmen der Belichtungsversuche wurden auch die Lichtechtheiten einiger naß- und trockengesponnener, gefärbter PVY-Handelsfasern bestimmt. Ihre Echtheiten werden in Tabelle 10 mit denen der in den vorhergehenden Abschnitten erwähnten PVY-Versuchsfasern verglichen.

Diskussion

Tabelle 10 läßt erkennen, daß zwischen gefärbten naß- und trockengesponnenen PVY-Fasern, die dieselbe oder eine ähnliche Copolymerzusammensetzung aufweisen, keine grundsätzlichen Unterschiede in den Lichtechtheiten bestehen. Entscheidend für die Lichtechtheit der Färbungen beider Spinnverfahren sind vor allem die Konstitution des Farbstoffes und die Copolymerzusammensetzung der Faserstoffe. Die höchsten Lichtechtheiten besitzen jene naß- und trockengesponnenen Fasern, in denen der kationische Farbstoff in heteropolarer Bindung an die Sulfo- bzw. Carboxylgruppen der Makromoleküle gebunden ist. Es sind dies insbesondere die trockengesponnenen Fasern ORLON 42, verschiedene DRALON-Typen und die naßgesponnenen Fasern WOLPRYLA 65, Testfaser (1965), ANILANA sowie PVY-Versuchsfasern mit Natriumallylsulfonat als Cokomponente. Auffallend gut ist auch die Lichtechtheit der gefärbten WOLPRYLA 61, die wesentlich höher als die der anderen Homo- und Copolymerisatfasern ohne NaAS-Gehalt ist. Besonders niedrige Lichtechtheiten weisen Färbungen älterer PVY-Fasertypen aus den Jahren 1952 bis 1957 auf, die jedoch hier nicht speziell aufgeführt werden.

Tabelle 10. Lichtechtheiten einiger gefärbter naß- und trockengesponnener PVY-Handels- und -Versuchsfasern

Faser	Copolymer-Zusammensetzung	Lichtechtheit 1/3 RT					
		Astr.-rosa FG	Astr.-rot 6B	Deorl.-blau 5G	Astra-phloxin	Astr.-blau RL	Deorl.-rot 3B
trockengesponnen							
ORLON 42		5	5–6	6	3–4	7	4
DRALON N		4–5	3–4	5–6	2	7	
DRALON-Strickgarn		4	4	5–6	3		4
DRALON (1955)		5	5–6	6	3–4		
LP 35/64	AN + MA + NaAS	4	4	5	3		
naßgesponnen							
WOLPRYLA 65		5	5	6	3–4	7	5
WOLPRYLA 61		3–4	3–4	4–5	2–3	7	3
24c	AN	3	3*	4	1–2		
24d	AN + MA	3	3–4	4	1		
24c	AN + NaAS	4–5*	4–5*	6–7	3*		
ANILANA		4	3–4*	5	3	7	
Testfaser (1965)	AN + MA + NaAS	3–4	3–4	5	2–3*	7	3–4

* s. Tabelle 1.

5. Zusammenfassung

5.1. Es wurde untersucht, wie sich die Fällbadtemperatur, Spinnlösungskonzentration, relative Molekülmasse, Nachbehandlung, chemische Zusammensetzung (Homo- bzw. Copolymerisate), Art des Spinnverfahrens (Naß- bzw. Trockenspinnen) und das Reckverhältnis auf die Lichtechtheit der mit kationischen Farbstoffen gefärbten PVY-Fasern auswirken.

5.2. Die Belichtung erfolgte mit gefiltertem Xenonbogenlicht in den Apparaten Xenotest WL 450 und WL Typ PL 671; beide Apparate sind klimatisiert. Kontrollversuche wiesen in beiden Apparaten die gleichen Ergebnisse nach. Die erste gerade wahrnehmbare Veränderung der geringen Eigenfarbe einiger der hier verwendeten PVY-Faserstoffe trat frühestens nach Belichtungszeiten auf, in denen Typ V des Blaumaßstabes in Stufe 4 des Graumaßstabes verändert war. Die Mustergenauigkeit der Belichtungsversuche beträgt zwischen verschiedenen Belichtungsreihen $\pm$ 1/2 Echtheitsnote, innerhalb einer Belichtungsreihe $\pm$ 1/4 Note.

5.3. Die Fällbadtemperatur hat keinen Einfluß auf die Lichtechtheiten der gefärbten Homopolymerisatfasern und Fasern mit Vinylacetat- bzw. Methylacrylatgehalt. Dagegen haben die bei 10 °C gesponnenen, gefärbten PVY-Fasern mit Natriumallylsulfonat als Cokomponente in der Hälfte der Untersuchungsbeispiele eine um 1/2 Echtheitsnote bessere Lichtechtheit als die bei 30 °C gesponnenen Fasern.

5.4. Veränderungen der Spinnlösungskonzentration oder der relativen Molekülmasse der Faserstoffe beeinflussen die Lichtechtheit der Färbungen nicht.

5.5. Das Einpolymerisieren von Estern, wie Vinylacetat oder Methylacrylat, hat keine Auswirkung auf die Lichtechtheit der gefärbten Fasern im Vergleich zu den analog gesponnenen Homopolymerisatfasern.

5.6. Natriumallylsulfonat und Natriummethallylsulfonat als Cokomponenten verbessern die Lichtechtheit der gefärbten PVY-Fasern gegenüber den analog gesponnenen Homopolymerisatfasern und Fasern mit Vinylacetat- bzw. Methylacrylatgehalt beträchtlich. Die Erhöhung der Lichtechtheit ist, je nach Farbstoff, verschieden und beträgt z. B. bei einer Versuchsfaser mit 7,8 Masse% Natriumallylsulfonatanteil bis zu 3 1/2 Echtheitsstufen. Die Ursache der hohen Lichtechtheit ist die ionogene Bindung der kationischen Farbstoffe an die sauren Gruppen des Substrates.

5.7. Lichtmikroskopische Querschnittsuntersuchungen zeigen, daß die Lichtechtheitsunterschiede zwischen den gefärbten Homopolymerisat- bzw. Fasern mit Vinylacetat- oder Methylacrylatgehalt und den Fasern mit Natriumallylsulfonatanteil nicht auf einer unterschiedlichen Durchfärbung beruhen. Alle Querschnitte dieser PVY-Fasern sind gleichmäßig durchgefärbt.

5.8. Ein Seifen der Homo- und Copolymerisatfasern mit Vinylacetat- bzw. Methylacrylatgehalt hat keine Verbesserung der Lichtechtheit zur Folge. Extrahieren mit Methanol löst nur unbedeutende Farbstoffmengen von den Fasern.

5.9. Die Lichtechtheiten der Carboxylgruppen enthaltenden gefärbten ANILANA-Faser sind wesentlich besser als die der Homo- und Copolymerisatfasern mit Vinylacetat- bzw. Methylacrylatgehalt. Sie fallen jedoch gegenüber den PVY-Fasern mit Natriumallylsulfonat als Cokomponente gering ab.

5.10. Das Reckverhältnis kann einen beträchtlichen Einfluß auf die Lichtechtheit gefärbter PVY-Fasern ausüben. PVY-Versuchsreihen, deren Lichtechtheit sich merkbar mit dem Reckverhältnis ändert, zeigen eine starke Abhängigkeit des Wasserrückhaltevermögens, der Farbstoffaufnahme bei 100 °C, der Jodsorption und der Lösezeit in Salpetersäure vom Reckfaktor. Dieses Verhalten deutet auf eine zunehmende Unzulänglichkeit der inneren Faseroberfläche und eine Verdichtung der Faserstruktur. Im Gegensatz zu diesen Reihen sind die entsprechenden Werte jener Reckreihen, die keine oder nur eine sehr geringe Abhängigkeit der Lichtechtheit vom Reckverhältnis aufweisen, weniger eindeutig. In ihnen ändern sich die Meßwerte mit steigendem Reckfaktor oft nur sehr wenig.

5.11. Zwischen den Lichtechtheiten der gefärbten naß- und trockengesponnenen PVY-Fasern bestehen keine grundsätzlichen Unterschiede. Entscheidend für die Lichtechtheiten der gefärbten Fasern sind die Konstitution der kationischen Farbstoffe und die Anwesenheit anionischer Gruppen im Polymermolekül, durch die im Vergleich zu Fasern ohne Sulfo- bzw. Carboxylgruppen eine bedeutende Erhöhung der Lichtechtheit erfolgt.

Literatur

[1] *Brunnschweiler, E.:* Derzeitiger Stand der Licht- und Wetterechtheit. Teil III. Textil-Rdsch., St. Gallen 19 (1964) 9, S. 463–477.

[2] *Brunnschweiler, E.:* Möglichkeiten und Grenzen der Farbechtheitsprüfung. SVF-Fachorgan Textilveredlung **14** (1959) 10, S. 655–669.

[3] *Schwen, G.*, und *Schmidt, G.:* Einige Versuche über den Einfluß von Farbstoff, Faser und Atmosphäre auf die Lichtechtheit. Melliand Textilber. **40** (1959) 4, S. 403 bis 408.

[4] *Sureau, R.:* Relation entre constitution, couleur et solidités à la lumière dans la série des colorants indazoliques basiques. Chimia, Zürich **15** (1961) S. 195–203.

[5] *Johnson, R. F.*, *Stamm, O. A.*, und *Zollinger, H.:* Zusammenhang der Konstitution kationischer Triphenylmethanfarbstoffe mit ihrer Lichtechtheit auf Polyacrylnitrilfasern. 2. Internat. Farbensymposium, April 1964, Schloß Elmau. Weinheim/Bergstr.: Verlag Chemie 1966.

[6] *Zollinger, H.:* The influence of dye-fiber interactions on dyeing properties. Amer. Dyestuff Rep. **54** (1965) S. P634–P639.

[7] *Wegmann, J.:* Konstitution und Eigenschaften basischer Farbstoffe auf Polyacrylnitrilfasern. Melliand Textilber. **39** (1958) 4, S. 408–414.

[8] *G. Hirsch:* Die Lichtechtheit der mit kationischen Farbstoffen gefärbten Polyacrylnitrilfaserstoffe in Abhängigkeit von der Copolymerzusammensetzung und den Erspinnungsbedingungen. Dissertation T. U. Dresden, Fakultät f. Naturwiss. u. Mathematik, Sektion Chemie 1970.

Eingegangen am 16. Dezember 1971

Prüfung von Kurzfasern für das elektrostatische Beflocken

Dieter Auerbach

Hochschule für Verkehrswesen „Friedrich List", Sektion Technische Verkehrskybernetik, Ag Grundlagen der Elektrotechnik

DK 677.01:677.865.3:678.026.3:[678.029.5:677]

Ausgehend von theoretischen Untersuchungen typischer Vorgänge beim elektrostatischen Beschichten konnten eine Reihe von Prüf- und Testverfahren zur Bestimmung der Eignung von Kurzfasern für den elektrostatischen Auftrag erarbeitet, praktisch erprobt und die notwendigen Übereinstimmungen zwischen Test- und Beschichtungsergebnis erzielt werden.

Испытание коротких волокон для электростатического нанесения

Исходя из теоретических исследований характерных для электростатического метода нанесения покрытий процессов, был разработан ряд методов испытаний и проверки пригодности коротких волокон для электростатического метода. Проведена проверка этих методов на практике и достигнуто необходимое соответствие между данными испытаний и резултатами нанесения покрытий.

Testing of Short Fibres for Electrostatic Flocking

Theoretical Investigations on typical processes involved in electrostatic coating led to various testing methods for the suitability of short fibres for electrostatic flocking. The accordance required between testing results and coating performance is shown by practical application of these methods.

1. Einleitung

Die elektrostatische Auftragung von Fasern ist ein sehr vielschichtiger, sich gegenseitig mehrfach bedingender moderner Arbeitsprozeß. Anhand eines Modells (Bild 1) soll gezeigt werden, daß er in folgende Hauptbestandteile untergliedert werden kann, nämlich in:

das Fasermaterial, dessen Eigenschaften, Herstellung usw.,
den elektrostatischen Beschichtungsprozeß in seinen verschiedensten Varianten und
das Beschichtungsergebnis, Qualität und Verwendungszweck.

Der elektrostatische Beschichtungsvorgang wird von drei wichtigen Bestandteilen gebildet:

Dispergieren der Teilchen in Luft,
Transportieren und Orientieren der Fasern in Feldrichtung,
senkrechter und strukturbildender Niederschlag auf der zu beschichtenden Fläche.

Die wichtigsten Einflußgrößen dabei sind die

chemischen und physikalischen Eigenschaften der Fasern,
Klimabedingungen bei der Lagerung und Verarbeitung,
elektrischen Anlagen (Spannungsstabilität usw.) und
Eigenschaften des zu beschichtenden Untergrundes.

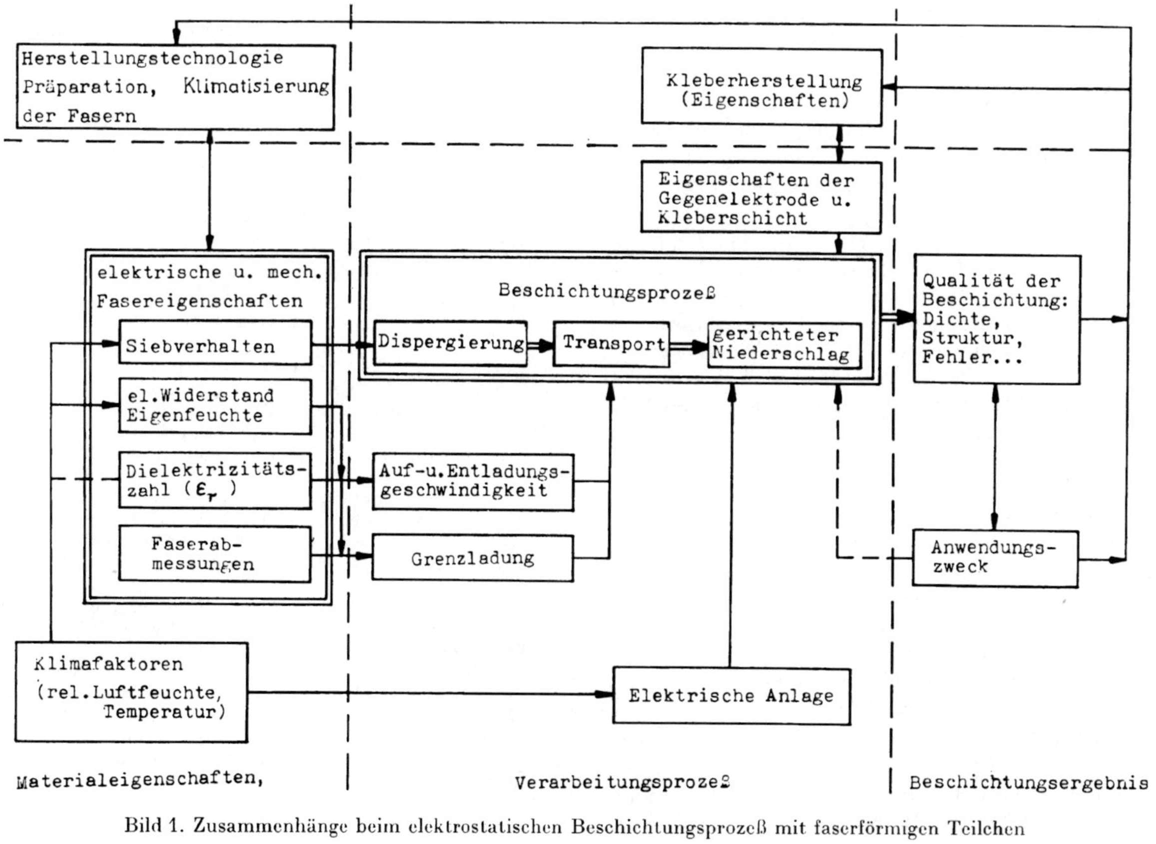

Bild 1. Zusammenhänge beim elektrostatischen Beschichtungsprozeß mit faserförmigen Teilchen

Aufgabe einiger Prüfverfahren soll es sein, die Eignung von Fasern für die elektrostatische Auftragung zu ermitteln und die dafür erforderlichen elektrischen, mechanischen und klimatechnischen Bedingungen abzuleiten. Besonderer Wert muß auf das zu erwartende elektrostatische Sprungverhalten, die Flugeigenschaften im elektrischen Feld und die Strukturqualität der zu beflockenden Fläche gelegt werden [1, 2, 3].

2. *Eigenschaften des Fasermaterials*

2.1. *Elektrischer Widerstand und Feuchte*

Hochpolymere Stoffe besitzen einen mehr oder weniger halbleitenden Charakter, d. h., sie sind durch einen feuchteabhängigen elektrischen Widerstand gekennzeichnet. Die Ursache dafür ist besonders in der Struktur des Wassers begründet, das ein nichtsymmetrisches, polares Molekül darstellt. Der elektrische Widerstand sinkt exponentiell mit steigendem Feuchtegehalt, was besonders von dem Bestreben des Materials, Wasser aufzunehmen, abhängt. Der elektrische Widerstand bestimmt beim Ladungsvorgang, wie schnell eine Ladungstrennung, Ladungsaufnahme oder -abgabe erfolgen kann. Aus den Forderungen, Ladungen möglichst schnell aufzunehmen, sie im Fluggebiet zu behalten und an der Gegenelektrode rasch wieder abzugeben, folgen optimale Widerstandsbereiche für die Durchführung des Beflockungsvorganges, nämlich

Faserwiderstand $\varrho_F = 10^9 \cdots 10^{11}\,\Omega$ cm,
Widerstand der Gegenelektrode $\varrho_G < 10^7 \cdots 10^9\,\Omega$ cm.

Das ist durch entsprechende Präparationen der Fasern, durch Einhaltung bestimmter Klimabedingungen und gute Erdung der Gegenelektrode zu erreichen [4].

Im Bild 2 sind die Auf- und Entladungsvorgänge für unterschiedliche elektrische Widerstände theoretisch dargestellt. Ein Faserteilchen von der Länge l und dem Querschnitt A kann durch einen elektrischen Widerstand R und durch eine Kapazität C dargestellt werden. Mit steigendem elektrischem Widerstand wächst die Aufladungszeitkonstante τ_A, und damit sinkt bei einer zur Verfügung stehenden Aufladezeit t_A die aufgeprägte Ladung ($Q_2 < Q_1$). Nimmt man an, daß im Flugraum

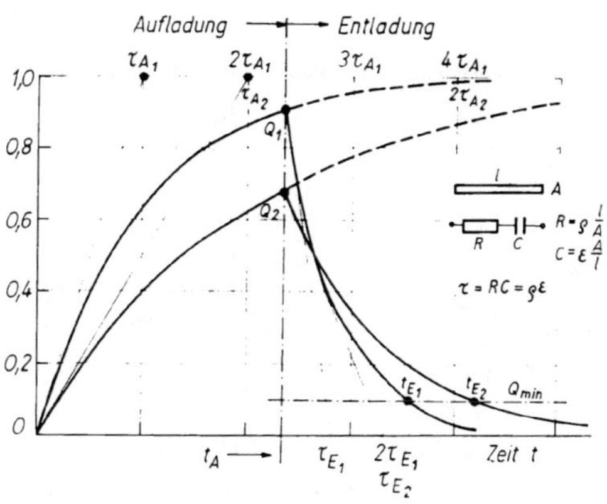

Bild 2. Theoretischer Verlauf der Auf- und Entladungsvorgänge
Q_{max} Maximalladung, τ_A Aufladungszeit, τ_E Entladungszeitkonstante, t_A Aufladungszeit, t_E Entladungszeit, l Faserlänge, A Querschnitt, ε Dielektrizitätszahl, ϱ spez. elektrischer Widerstand

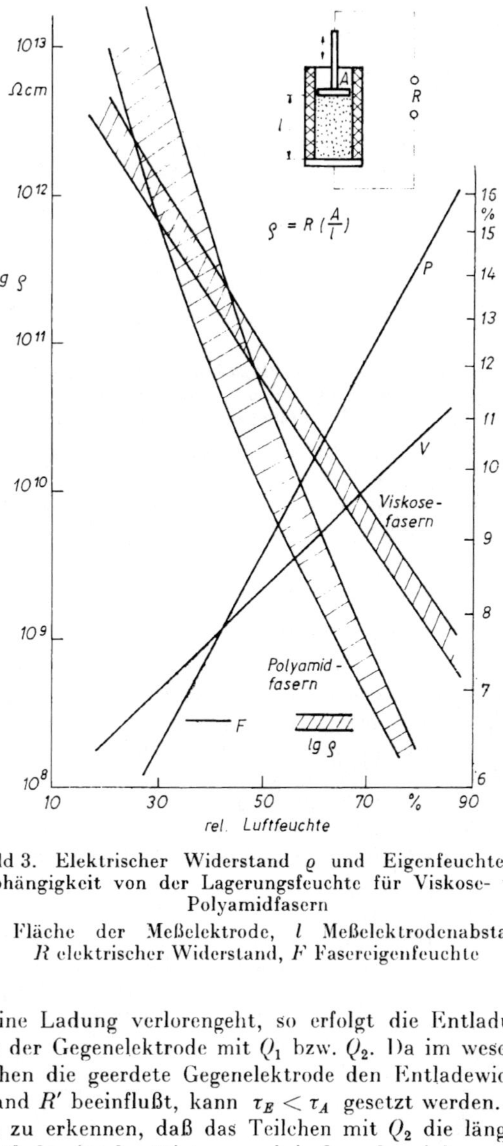

Bild 3. Elektrischer Widerstand ϱ und Eigenfeuchte in Abhängigkeit von der Lagerungsfeuchte für Viskose- und Polyamidfasern
A Fläche der Meßelektrode, l Meßelektrodenabstand, R elektrischer Widerstand, F Fasereigenfeuchte

keine Ladung verlorengeht, so erfolgt die Entladung an der Gegenelektrode mit Q_1 bzw. Q_2. Da im wesentlichen die geerdete Gegenelektrode den Entladewiderstand R' beeinflußt, kann $\tau_E < \tau_A$ gesetzt werden. Es ist zu erkennen, daß das Teilchen mit Q_2 die längere Entladezeit t_2 benötigt, um auf ein Q_{min} abzusinken.

Nach genügend langer Klimatisierung des Fasermaterials kann der elektrische Widerstand R bzw. ϱ mittels einer zylindrischen Meßzelle höheren elektrischen Widerstandes und mit verstellbarem Preßdruck gemessen werden. Mit steigendem Druck sinkt der elektrische Widerstand, um sich schließlich einem Grenzwert zu nähern. Weiterhin wird der elektrische Widerstand von der Lage der Fasern in der Meßzelle, von der Gleichmäßigkeit und Art der Präparation mit bestimmt. Somit erhält man einen mittleren „scheinbaren" spezifischen elektrischen Widerstand ϱ der gesamten Fasermasse. Für die elektrostatische Beschichtung interessiert aber auch das summarische Verhalten, so daß diese Messung die zu erwartenden Ergebnisse gut charakterisiert.

Der Verlauf der Eigenfeuchte des Fasermaterials, die diese je nach Materialart und Präparation aufnimmt, ist naturgemäß reziprok zum elektrischen Widerstand (Bild 3), so daß eine Messung — entweder die des elektrischen Widerstandes oder der Eigenfeuchte — ausreichend ist. Am Beispiel von je vier Viskose- und Polyamidfasertypen soll der Einfluß der Feuchte auf den

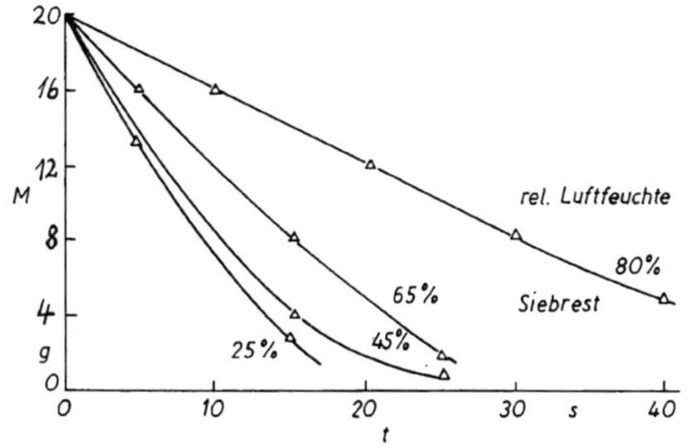

Bild 4. Siebverhalten von Polyamidfasern (2 mm/20 den) bei unterschiedlicher Lagerungsfeuchte
M Materialmenge, *t* Siebzeit

elektrischen Widerstand gezeigt werden (Bild 3). Aus den Meßwerten sind optimale Verarbeitungs- und Lagerungsparameter abzuleiten:

Viskosefasern: 65% relative Luftfeuchte,
Polyamidfasern: 50 ··· 55% relative Luftfeuchte.

2.2. *Trenn- oder Siebverhalten*

Eine Hauptaufgabe bei der Präparation und Klimatisierung von Fasern für das elektrostatische Beflocken ist die Schaffung eines guten Trenn- oder Rieselvermögens, d. h., den Grad der Zusammenballungen infolge elektrostatischer Aufladungen, ungünstiger Eigenfeuchte usw. möglichst klein zu halten. Damit ergibt sich die Möglichkeit, die Teilchen sehr leicht und gleichmäßig im Trägerstrom zu dispergieren. Das kann mechanisch, rein elektrostatisch oder auch in verschiedenen Kombinationen erfolgen.

Diese Kenngröße stellt einen wichtigen Zusammenhang zwischen physikalischen, chemischen und elektrischen Parametern her. Sie ist eine der entscheidenden Voraussetzungen für den störungsfreien Beschichtungsvorgang [5].

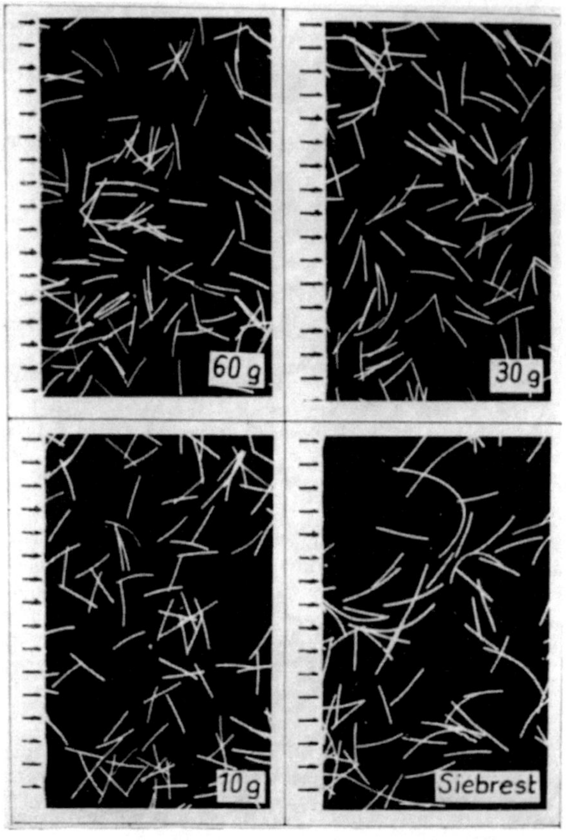

Bild 6. Siebanalyse von Polyamidfasern (2 mm/20 den) (60 g bedeutet: Probenentnahme bei 60 g Siebinhalt usw.)

Eine einfache Messung dieser Größe kann so erfolgen, daß eine bestimmte Menge Fasermaterial mittels einer Siebprüfmaschine konstanter Vibrationsintensität gesiebt wird. Dabei ist zu fordern, daß das Siebgut relativ

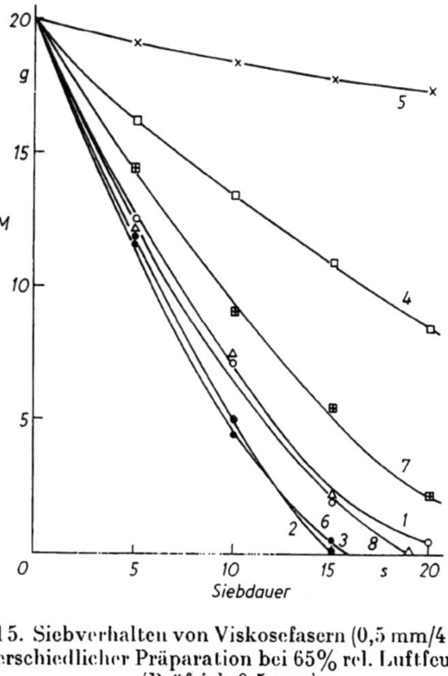

Bild 5. Siebverhalten von Viskosefasern (0,5 mm/4 den) unterschiedlicher Präparation bei 65% rel. Luftfeuchte (Prüfsieb 0,5 mm)

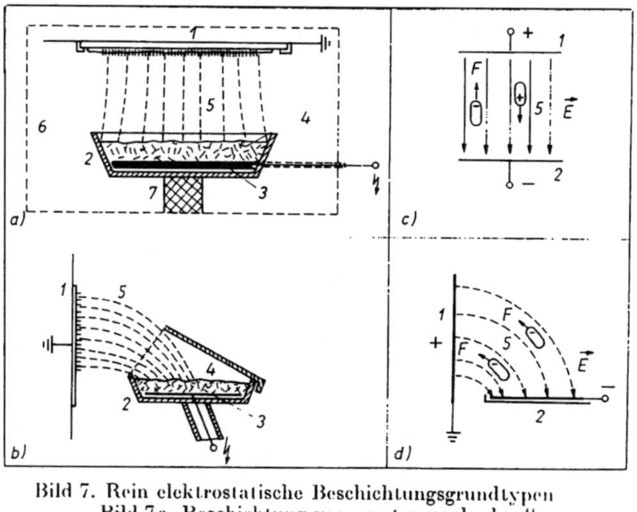

Bild 7. Rein elektrostatische Beschichtungsgrundtypen
Bild 7a. Beschichtung von „unten nach oben"
Bild 7b. Beschichtung senkrechter Flächen
Bild 7c. Homogenes elektrisches Feld
Bild 7d. Inhomogenes elektrisches Feld
1 Gegenelektrode, 2 Auftragsschale, 3 ebene Metallelektrode, 4 Fasermaterial, 5 Fluggebiet, 6 klimatisierter Raum (Prüfschrank), 7 Hochspannungsanschluß, *E* elektrische Feldstärke, *F* Kraft

schnell, gleichmäßig und möglichst ohne nennenswerten Rückstand das Prüfsieb passiert. Die Abnahme des Materials ist als Funktion der Siebzeit für Polyamidfasern (Bild 4) und Viskosefasern (Bild 5) unterschiedlicher Farbe und Präparation zusammengestellt. Es ist besonders das Siebverhalten bei unterschiedlicher Luftfeuchte zu beachten (Bild 4). In den meisten Fällen wird die Rieselfähigkeit oberhalb 70% rel. Luftfeuchte sehr schlecht, während sie mit sinkender Feuchte oft verbessert wird. Liegt im ersten Fall der elektrische Widerstand für das Verfahren noch günstig, so unterbindet die schlechte Trennfähigkeit den praktischen

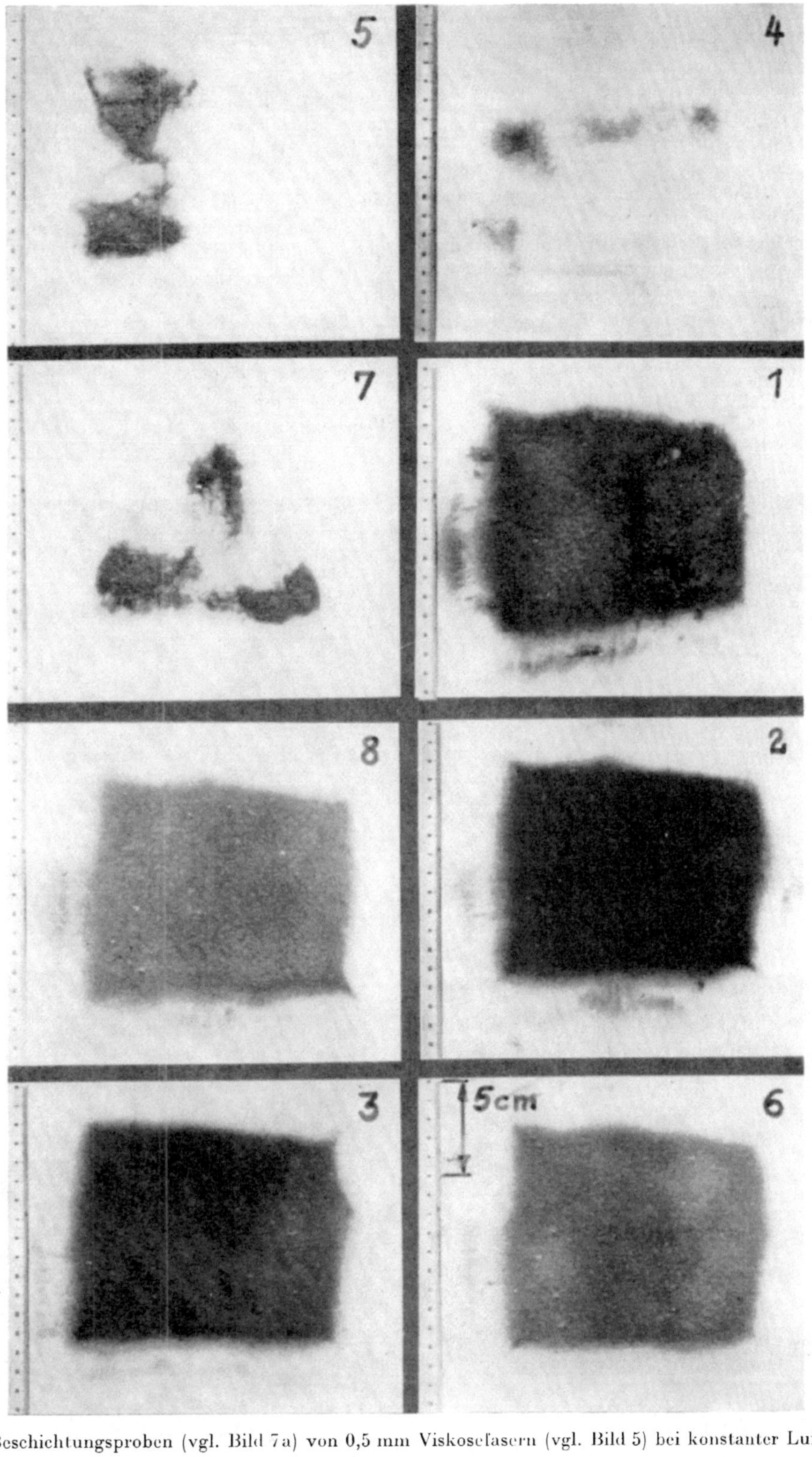

Bild 8. Beschichtungsproben (vgl. Bild 7a) von 0,5 mm Viskosefasern (vgl. Bild 5) bei konstanter Luftfeuchte

Einsatz. Dagegen ist bei hoher Trocknung zwar das Siebverhalten gut, während der elektrische Widerstand in einen zu hohen Bereich verschoben ist. Somit bestimmen beide Parameter das optimale Einsatzgebiet.

Das Trenn- oder Siebverhalten (besonders der Siebrest) wird von weiteren Faktoren, wie Schmelzköpfe an den Faserenden, Überlängen im Flockverband, gekräuselte und agglomerierte Fasern mitbestimmt. Das zeigt, wie eng Präparation, Feuchte, elektrischer Widerstand, Eigenaufladung und Schnittqualität miteinander verbunden sind und das zu erwartende elektrostatische Flugverhalten beeinflussen werden.

2.3. *Siebanalyse*

Für ein gutes Beflockungsergebnis erscheint eine geringe Abweichung aller Fasern von einer vorgegebenen Länge weniger bedeutungsvoll als das Vorhandensein — wenn auch nur weniger — überlanger Fasern im Flockverband. Die hierbei entstehenden Störungen wirken sich wesentlich empfindlicher auf die Qualität des Erzeugnisses aus. Deshalb sind parallel zu den Untersuchungen des Siebverhaltens in bestimmten Abständen Siebproben entnommen und fotographisch analysiert worden. Diese Proben werden zu Beginn (z. B. 60 g Siebinhalt), während der Siebung (z. B. 10 g) und am Ende vom Siebrest entnommen. Sie gestatten eine Bewertung der Geradheit und Gleichmäßigkeit der Fasern und die Beschaffenheit und Größe des Siebrestes (nichtsiebbare Agglomerate und Überlängen). Das soll am Beispiel von Polyamidfasern (2 mm/20 den, Siebrest 1%) gezeigt werden (Bild 6).

3. *Elektrostatische Beschichtungen*

Neben den genannten Vorprüfungen ist das tatsächliche elektrostatische Flugvermögen der Kurzfasern im elektrischen Feld unter bestimmten Klimabedingungen letztlich ausschlaggebend. Die Beflockung von „unten nach oben“ stellt ohne Anwendung mechanischer Komponenten eine rein elektrostatische Beschichtung dar, die an die Eigenschaften des aufzutragenden Fasermaterials die höchsten Anforderungen stellt. Damit ergibt diese Methode die aussagekräftigsten Ergebnisse.

3.1. *Elektrostatische Beschichtung im Klimaschrank*

Die elektrostatische Beschichtung im Klimaprüfschrank (Bild 7a und c) gestattet es, auch relativ kleine Prüfmengen unter exakten Klimabedingungen auf ihr elektrostatisches Flug- und Beschichtungsverhalten

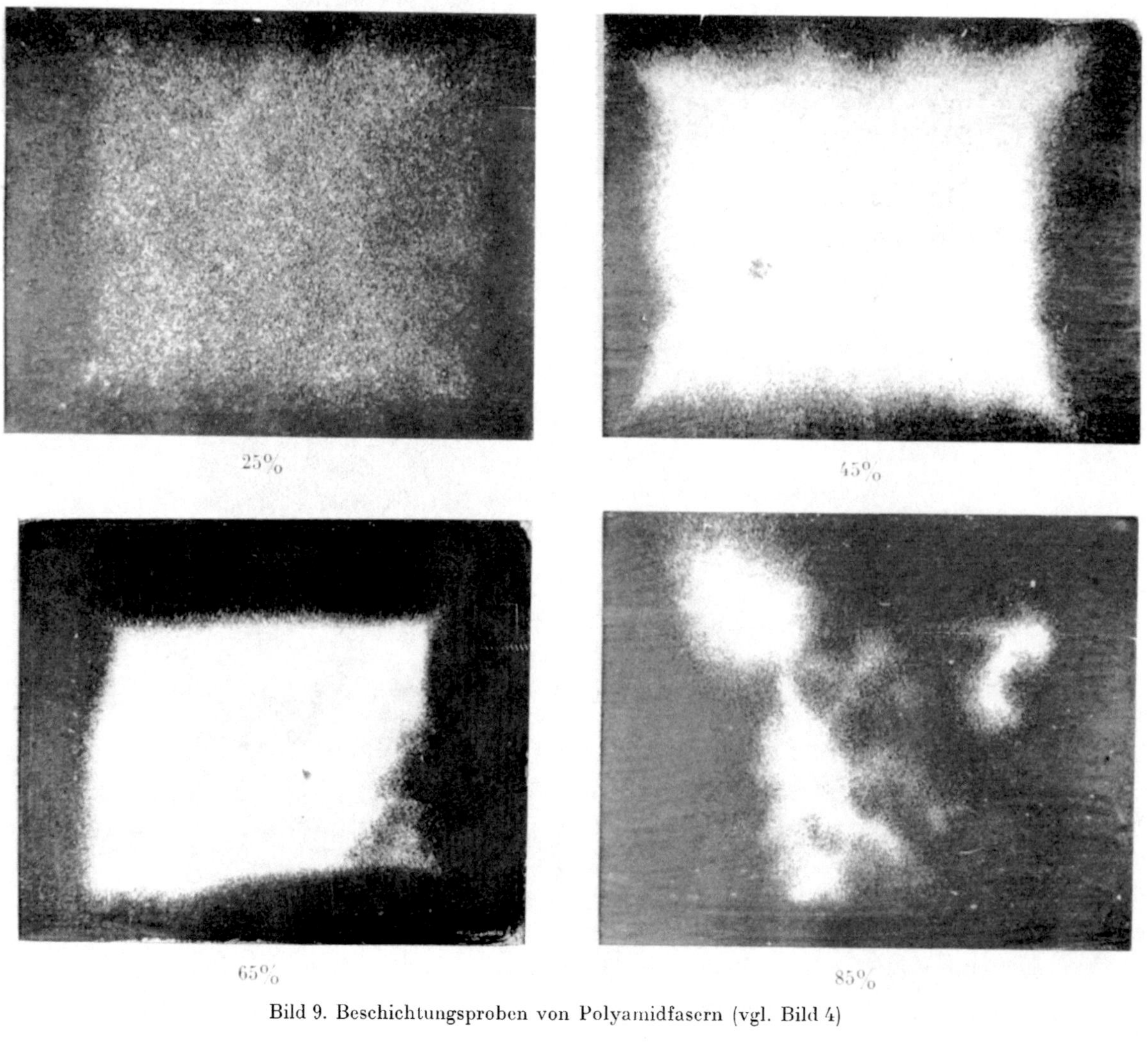

Bild 9. Beschichtungsproben von Polyamidfasern (vgl. Bild 4)

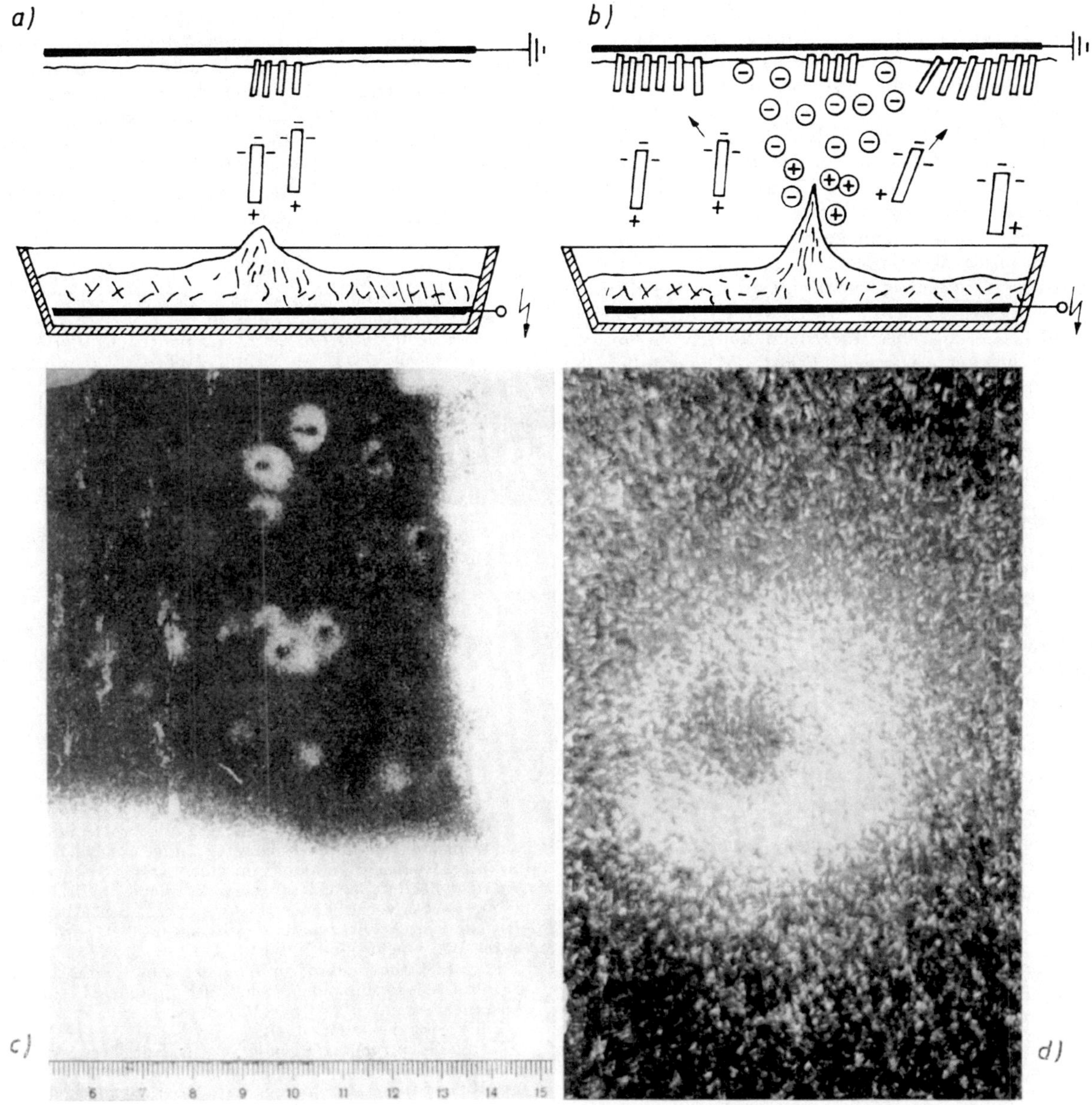

Bild 10. Ausbildung von Koronaschatten Bild 10a. Beginn einer Spitzenbildung in der Auftragsschale
Bild 10b. Hohe Ionenkonzentration im Koronagebiet, Abstoßung von Fasern
Bild 10c. Beschichtungsausschnitt mit Einzelschatten Bild 10d. Vergrößerung einer unbeschichteten Stelle (Krater)

zu untersuchen. Ganz besonders können dabei der Einfluß der Feuchte und Faserpräparation bei bestimmten elektrischen Parametern kontrolliert werden.

Zur Auswertung werden die auf ebenen geerdeten Platten entstandenen Beschichtungsproben nach folgenden Gesichtspunkten beurteilt:

Homogenität und Dichtheit des Auftrages,
Bündelung des Fluggebietes,
Störstellen und andere Fehler.

Für jeden Versuchsparameter wird jeweils mindestens die zweite Beschichtungsprobe genutzt, um auftretende Anfangsfehler auszuschalten. Diese subjektive Beurteilung der Beschichtungsproben mittels einer Punktbewertung ergibt in Abhängigkeit von der Feuchte für Polyamidfasern ein eindeutiges Gütemaximum bei 50% und für Viskosefasern bei 60 bis 65% rel. Luftfeuchte.

Unterstützt wird diese Auswertung durch fotografische Aufnahmen am Beispiel von acht Viskosefasertypen (0,5 mm) unterschiedlicher Präparation bei konstanter Feuchte (Bild 8). Es kann ein guter Zusammenhang zum Siebverhalten der gleichen Proben im Bild 5 hergestellt werden. Aus diesen Bildern ist erkennbar: Je besser das Siebverhalten (steiler Abfall, geringer Siebrest), desto besser die Beschichtung in Dichte, Fehlerfreiheit und Konzentration.

Am Beispiel von Polyamidfasern (Bild 9) ist der Einfluß der Feuchte auf das Beschichtungsergebnis dargestellt. Der Vergleich zum Siebverhalten im Bild 6 ergibt ebenfalls eine gute Übereinstimmung.

Ein wichtiges Kriterium für das Flugverhalten von Fasern ist ein möglichst gleichmäßiger und kontinuierlicher Abbau der Fasermasse in der Auftragsschale. Obwohl vielfach zunächst ein intensiver Teilchentransport erfolgt, klingt dieser — oft von Koronaentladungen begleitet — rasch ab. Koronaerscheinungen, die entweder durch eine schlechte Faserqualität oder durch ungünstigen Aufbau der Beschichtungselektrode hervorgerufen werden, sind u. a. die Ursache für diese „Materialermüdung". Eine Anhäufung von Fasern in der Materialschale zu Spitzen kann ebenfalls eine Koronaentladung bewirken. Durch die hohe Anzahl schnell bewegter Ladungsträger werden die gleichartig geladenen, langsamer fliegenden Fasern in diesem Gebiet höherer elektrischer Feldstärke abgestoßen. Es entstehen unbeschichtete Flächen, sog. „Schatten" einer Korona (Bild 10).

3.2. Beschichtungsversuche mit Auftragsschalen

Für eine besondere Auftragstechnologie, die sog. elektrostatische Sichtflächengestaltung, die eine rein elektrostatische Beschichtung darstellt, ist es erforderlich, das Flugverhalten der Fasern aus einer Auftragsschale, die gegenüber einer senkrechten und geerdeten Platte (inhomogenes Feld) die Hochspannungselektrode enthält, endgültig zu überprüfen (Bild 7b und d), [6, 7].

Ein entsprechender Versuchsaufbau gestattet es, die unter praktischen Bedingungen notwendigen Parameter, Elektrodenspannung, Abstand, Schalenkonstruktion usw. zu ermitteln und den Zusammenhang zu den vorher getesteten Eigenschaften herzustellen. Grundvoraussetzungen für reproduzierbare Ergebnisse sind eine koronaarme Auftragselektrode und die Einhaltung der als optimal ermittelten mechanischen, elektrischen und klimatechnischen Faktoren.

Literatur

[1] *Escales, E.*: Die elektrostatische Beflockung von Kunststoffoberflächen. Kunststoffe **42** (1952) 8, S. 61—64.
[2] *Albrecht, W.*, und *Brethauer, W.*: Beflockung im elektrostatischem Feld. Z. ges. Textilind. **63** (1961) 6, S. 452 bis 456.
[3] *Escales, E.*: Beflocken. Kunststoffe **41** (1952) 10, S. 355—357.
[4] *Beršev, E. N.*, und *Androssov, W. F.*: Anwendung elektrischer Felder in der Textilindustrie (russ.). Moskau: Leichtindustrie 1968.
[5] Stand der Beflockungstechnik. Firmenschrift, Farbenfabrik Bayer AG, Leverkusen.
[6] *Auerbach, D.*: Elektrostatisches Auftragen fester Teilchen. Forschungsbericht, Hochschule für Verkehrswesen Dresden, 1969.
[7] *Auerbach, D.*, und *Kleber, W.*: Elektrostatisches Auftragen fester Teilchen zur Gestaltung von Sichtflächen im Bauwesen. Baustoffindustrie **1** (1969) S. 16—21.

Eingegangen am 7. Dezember 1971

Neue Bücher

Elektronenmikroskopische Methodik. Von *G. Schimmel.* Berlin/Heidelberg/New York: Springer 1969. VIII, 243 S., 134 Abb. in 249 Einzeldarstellungen, 5 Tab. Geb. DM 78,—.

Ziel des Autors ist es, nicht nur die elektronenmikroskopischen Techniken zu vermitteln, sondern dem Anwender auch klarzumachen, daß die elektronenmikroskopischen Untersuchungen, die den experimentellen Arbeiten „...vorangehenden und nachfolgenden Denkprozesse mit einschließen: Das Erkennen echter Aufgaben für die Elektronenmikroskopie, die Interpretation der elektronenmikroskopischen Aufnahmen und die Kombination der elektronenmikroskopischen Möglichkeiten mit anderen Meßmethoden"— diesen ganzen Komplex bezeichnet der Autor im Vorwort mit „elektronenmikroskopischer Methodik".

Voll zu unterstreichen ist von jedem, der die Aufgabe hatte, „...Ergebnisse den Institutskollegen oder institutsfremden Auftraggebern zu erklären...", auch die Erkenntnis, „... wo die begrifflichen Schwierigkeiten auch für die physikalisch Gebildeten innerhalb des Komplexes der „elektronenmikroskopischen Methodik" liegen: Sie liegen in der Notwendigkeit, eine elektronenmikroskopische Aufnahme nicht als „Abbildung" eines Objektes, sondern als physikalisches Meßergebnis aufzufassen, wobei ein Hauptproblem darin liegt, daß sich das Meßergebnis fast nie in einfache Zahlenergebnisse zusammenfassen läßt, wie Zeigerausschläge an Voltmeter oder Amperemeter. Kein Maschineningenieur, Chemiker oder Metallkundler wird sich ohne besondere Einweisung oder Erfahrung an die Auswertung einer Röntgeneinkristallaufnahme heranwagen, auch wenn er vielleicht auf Grund seiner Ausbildung dazu in der Lage sein müßte. Aber sowie ein „Bild" vorliegt, werden die kühnsten Schlüsse daraus gezogen. Die physikalische Tatsache, daß in vielen Fällen die Gesetze für die Entstehung der Beugungsaufnahme leichter zu übersehen und zu handhaben sind als die Formeln, denen die Kontraste in der reellen Abbildung gehorchen, wird nur allzuoft übersehen. Auch ist der Irrglaube, daß ein gutes Abdruckpräparat praktisch mit dem Untersuchungsobjekt, von dem es stammt, gleichgesetzt werden darf, einfach nicht auszurotten".

Der Autor hat versucht, die gesamte Problematik der elektronenmikroskopischen Untersuchungen möglichst einfach darzustellen. Man kann ihm einen Erfolg bescheinigen. Jeder, der mit der Elektronenmikroskopie in Berührung kommt, sollte vorher dieses Buch gelesen haben. Aber auch derjenige, der bereits langjährige Erfahrung hat, wird dieses kleine Werk nicht ohne Nutzen lesen.

Die „Elektronenmikroskopische Methodik" von *Schimmel* ist wärmstens zu empfehlen, zumal auch die äußere Form allen Ansprüchen genügt.

Einige Angaben zum Inhalt:

Kap. 1: Elektronenstrahlen (5 Seiten); Kap. 2: Einführung in die Theorie des Mikroskops (11 Seiten); Kap. 3: Beugung am Raumgitter (48 Seiten); Kap. 4: Beugungskontraste (22 Seiten); Kap. 5: Auflösungsgrenze, Gesichtsfeld und Schärfentiefe (15 Seiten); Kap. 6: Abdruckverfahren (44 Seiten); Kap 7: Zeitauflösung (14 Seiten); Kap. 8: Kombination von Beobachtungsverfahren (25 Seiten); Kap. 9: Korngrößen und Korngrößenverteilungen (29 Seiten); Kap. 10: Artefakte und Strahlschäden (16 Seiten); Literaturverzeichnis mit 112 Zitaten sowie ein Sachverzeichnis.

Dem Rezensenten sind drei Druckfehler aufgefallen:

Auf Seite 27 in Abb. 11 fehlt die Einzeichnung der auf Seite 26 angegebenen Symbole der Vektoren b_1 und b_3. In der Abb. 12 (Seite 29) muß es richtig heißen: $M = 9$ (nicht $M = 8$), auf Seite 28 ist diese Angabe richtig. Auf Seite 78, 10. Zeile von unten muß es richtig heißen „... gebeugten Strahlen ......", nicht „... gebeugten Kristallen .....").

Ch. Ruscher

Vinyl and Diene Monomers. Part. 3. Hgg. von *E. C. Leonard* (High Polymers Vol. XXIV). New York/London/Sydney/Toronto: Wiley/Interscience 1971. XII, 499 S. (S. 1205 bis 1703), Lwd. £ 11,75.

Der dritte und letzte Band enthält die technisch bedeutsamen halogenhaltigen Monomeren und ein Kapitel über Monomere unterschiedlichster Verbindungsklassen.

L. G. Shelton, D. E. Hamilton und *R. H. Fisackerly*, The Dow Chemical Co., behandeln im ersten Kapitel Vinylchlorid und Vinylidenchlorid (84 S., 199 Lit.). Im zweiten Kapitel werden von *L. E. Wolinski*, Canisius College, Buffalo N. Y., Tetrafluoräthylen, Vinyl- und Vinylidenfluorid sowie Chlortrifluoräthylen beschrieben (65 S., 491 Lit.). Fast eine kleine Monographie bildet das letzte Kapitel (255 S., 2030 Lit.) über Monomere unterschiedlichster Verbindungsklassen. Mit bewundernswertem Fleiß haben die Autoren *J. P.* und *Dorothy C. Schroeder*, Univ. of North Carolina, alles Wissenswerte über N-Vinylcarbazol, N-Vinyllactame, Vinylpyridine und Vinylchinoline, Vinylsilane, Acrolein, Methacrolein, Vinylketone, Vinylschwefel- und Vinylphosphorverbindungen sowie Vinylfuran, Vinylthiophen und nichtkommerzielle Styrole zusammengetragen. Trotz dieser Fülle an Verbindungsklassen haben sich die Autoren auf Monomere beschränkt, die gründlicher untersucht wurden und im weitesten Sinne nutzbare Polymere geben. Sicher wird dieser oder jener Leser hier noch Lücken finden.

Nachdem nunmehr alle drei Bände vorliegen, kann eine kurze Gesamteinschätzung gegeben werden. Da es die Absicht des Herausgebers war, das Schwergewicht auf industriell genutzte Monomere zu legen, konnten nicht alle jemals in der Literatur beschriebenen Monomere aufgenommen werden. Selbst mit dieser Einschränkung ist daraus ein stattliches Werk von 1700 Seiten geworden.

Die Autoren stammen aus der Industrie und aus Universitäten, wobei die Mehrzahl Spezialisten aus großen Konzernen sind. Alle Beiträge sind nach einem vorgegebenen Schema gegliedert und behandeln alle wesentlichen Aspekte des Gegenstandes, wobei jedoch die Wertung der einzelnen Abschnitte unterschiedlich ist.

Mehr oder weniger ausführliche Bemerkungen zur Geschichte, zu Produktionsziffern, Kapazitäten und eine ausführliche Darstellung der Produktions- und Reinigungsprozesse, unterstützt durch zahlreiche Schemata sowie Hinweise zur Herstellung im Laboratorium leiten die Kapitel ein. Es folgen tabellarische Übersichten über die physikalisch-chemischen Eigenschaften. Sehr wertvoll sind Hinweise über die Toxikologie, Arbeitsschutz, Lagerung und Umgang mit den Monomeren. Weiter werden Fragen der Analytik, der Reinheitskontrolle und der Entfernung störender Begleitstoffe behandelt. Ein Abschnitt über die chemischen Reaktionen der Monomeren und ihre Verwendung als Ausgangsstoffe für organische Synthesen schließt sich an. Begrüßenswert sind auch die zwar knapp gehaltenen Abschnitte über die Polymerisation, die damit eine Brücke zur Anwendung schlagen. Man findet dort eine Darstellung der wichtigsten technischen Polymerisationsverfahren, Polymerisationsbedingungen, Copolymerisationsparameter und einiger Anwendungsgebiete. Reichhaltige Literaturhinweise beschließen die Kapitel.

Die Seitenzahlen der Bände sind durchgezählt. Ausführliche Schlagwortverzeichnisse ermöglichen ein rasches Auffinden von Einzelheiten. Band 2 und 3 (90 S.) haben ein Gesamtschlagwortverzeichnis.

Alle auf dem Polymergebiet Tätigen werden dem Herausgeber und seinen 23 Coautoren dankbar sein für die Mühe und den Fleiß, mit dem sie alle relevanten Fakten zusammengetragen und in diesem Werk mit hohem Informationsgehalt verdichtet haben. Es besteht kein Zweifel, daß sich der „*Leonard*" einen festen Platz als Standardwerk in jedem Polymerlaboratorium sichern wird. Der Verlag Wiley hat die Bände in gewohnter Qualität vorzüglich ausgestattet.

H. Herma

Untersuchung über die Drehbewegung von Druckrollern bei Walzenstreckwerken in der Baumwoll- bzw. Zellwollspinnerei. Von *Herbert Stein* und *Andreas Erkens.* Forschungsberichte des Landes Nordrhein-Westfalen. Nr. 2141. Köln und Opladen: Westdeutscher Verlag 1970. 48 S., 27 Abb. Brosch. DM 31,60.

Häufig stimmt der eingestellte Getriebeverzug bei Walzenstreckwerken nicht mit dem tatsächlichen Verzug überein, d. h., die Faserbandtransportgeschwindigkeit zwischen den Walzen ist nicht gleich der Umfangsgeschwindigkeit der Walzen. Diese Erscheinung ist auf ein mangelndes Klemmvermögen (Schlupf) zurückzuführen.

Die Verfasser haben sich die Aufgabe gestellt, den Einfluß streckwerksbedingter Parameter und den Einfluß der Eigenschaften des zu verziehenden Faserbandes auf Schlupferscheinungen zu ermitteln.

Die Untersuchungen wurden auf einem SKF-Spinntester durchgeführt. Die Erfassung der Oberwalzen-Umdrehungen wurde mittels eines elektrischen Kontaktgebers mit Zählwerk und eines inkrementalen Drehgebers (250 Rechteckimpulse je Umdrehung) durchgeführt.

Folgende Einflußparameter wurden untersucht: Eingangsoberwalzenbelastung, Ausgangsoberwalzenbelastung, Oberwalzenhärte, Gesamtverzug, Teilverzüge, Streckfeldlänge, Haft-Gleiteigenschaften verschiedener Faserstoffe und Vorgarndrehung.

Als Ergebnis der Einzeluntersuchungen wird die Abweichung der Oberwalzendrehzahl vom vorgegebenen Sollwert angegeben. Diese Sollwertabweichungen lassen Rückschlüsse auf bestimmte optimale Einstellparameter zu.

Die Abhängigkeit der Geschwindigkeitsdifferenzen zwischen Soll- und Istwert von der jeweiligen Variablen sind sehr übersichtlich in Diagrammform dargestellt.

H. Fuchs

Patentschau

*Auszug aus der Lieferung 19/20/1971 der Patentschau „Faserstoffe und Textiltechnik",
Ausgabe A: Faserstoffe einschl. Kunststoffe und organ. Grundsubstanzen, zusammengestellt von der Abteilung Wissenschaftliches Berichtswesen des Instituts für Faserstoff-Forschung der DAW, 153 Teltow-Seehof, Kantstr. 55*

Die Patentschau ist nach der Internationalen Patentklassifikation (IPC) gegliedert. Es bedeuten: DDP = DDR-Patent; DBP = Deutsches Bundespatent; DAS = (West)-Deutsche Auslegeschrift; DOS = (West)-Deutsche Offenlegungsschrift; OeP = Österreichisches Patent; PoP = Polnisches Patent; SzP = Schweizer Patent; FrP = Französisches Patent; GBP = Britisches Patent; JaP = Japanisches Patent; SvP = Schwedisches Patent; SUP = Sowjetisches Patent; ČSP = Tschechoslowakisches Patent; USP = Amerikanisches Patent; A = Anmeldedatum, O bzw. B = Tag der Ausgabe der Offenlegungs-, Auslege- bzw. Patentschrift.

Sektion B. Verformende Bearbeitung

Klasse B 65. Transport, Verpackung und Lagerung

Klasse B 65h. Handhabung von flachem und faserförmigem Material, z. B. Platten, Netzen, Seilen

SzP 506431. Vorrichtung zur automatischen Bildung einer Fadenreserve an einer Fadenaufwickelvorrichtung mit kontinuierlicher Fadenzulieferung. Erf.: *Helmut Ritter*. Inh.: Heberlein & Co. AG, Wattwil. A. 23. 10. 69. Int. Kl.: B 65 h 54/34. A.-Z.: 15956/69. Entspr. DDP 80840.

Sektion C. Chemie und Metallurgie

CHEMIE

Klasse C 03. Glas; Mineral- und Schlackenwolle

Klasse C 03b. Herstellung, Formgebung und Nachbehandlungsverfahren

DOS 1927974. Verfahren und eine Vorrichtung zur Grob- und Feinreinigung von Mineral- oder Schlackfasern, die aus feuerflüssigem Gestein erzeugt und bereits beim Herstellungsprozeß oder mittels besonderer Einrichtungen zu Einzelfasern aufgelöst sind. Erf.: *Walter Bräuer*, *Ernst Oberst*, *Alfred Graubner*, *Alfred Gerlach*, *Otto Gerlach* u. *Walter Roß*. Anm.: Zentralinstitut für Fertigungstechnik des Maschinenbaues, 9010 Karl-Marx-Stadt (DD). A. 2. 9. 69, O. 10. 12. 70. Kl.: 32a, 37/10, Int. Kl.: C 03b 37/10. A.-Z.: P 1927974.

Klasse C 07. Organische Chemie

Klasse C 07c. Acyclische und carbocyclische Verbindungen

USP 3577366. Anthracenverbindungen mit 9,10-Brücke. Erf.: *Bruce H. Klanderman* u. *Jan W. H. Faber*. Inh.: Eastman Kodak Co., Rochester, N. Y. A. 28. 3. 69, B. 4. 5. 71. Kl.: 260-618, Int. Kl.: C 07c 31/14. 8 Anspr. A.-Z.: 811655 (ausgesch. aus USP 3457235. A. 17. 2. 67. A.-Z.:

616789; Zus. z. Pat. m. A.-Z.: 530381. A. 28. 2. 66). A.-Z.: 616789 u. A.-Z.: 530381 vgl. auch USP 3457235. A.-Z.: 616789 u. A.-Z.: 530381 entspr. FrP 1520625.

DOS 1930880. Verfahren zur Herstellung von Nitrilen aromatischer Dicarbonsäuren insbesondere von Iso- und Terephthalsäure. Erf.: *Günther Ibing* u. *Kurt Neubold.* Anm.: Veba-Chemie AG, 4660 Gelsenkirchen-Buer (DB). A. 18. 6. 69, O. 23. 12. 70. Kl.: 12o, Int. Kl.: C 07c. A.-Z.: P 1930880.

USP 3577454. Verfahren zum Kristallisieren von bis-β-Hydroxyäthylenterephthalat. Erf.: *Max H. Keck.* Inh.: The Goodyear Tire & Rubber Co., Akron, Ohio. A. 1. 7. 68, B. 4. 5. 71. Kl.: 260-475, Int. Kl.: C 07c 69/82. 4 Anspr. A.-Z.: 741312.

Klasse C 08. Makromolekulare Verbindungen; ihre Herstellung und chemische Verarbeitung; auf diesen Verbindungen beruhende Gemische

Klasse C 08b. Polysaccharide und deren Derivate

OeP 293438. Verfahren zur Herstellung von Viskose. Erf.: *Hannes Sihtola* u. *Boris Nizovsky.* Inh.: Oy Keskuslaboratorio-Centrallaboratorium AB, Tapiola (Fi). A. 14. 5. 69, B. 15. 2. 71. Kl.: 12e6, 6. A.-Z.: 4611/69. Prior.: 24. 5. 68 u. 17. 7. 68 (Fi; A.-Z.: 1466/68, u. 2036/68). Entspr. FrP 2009286.

GBP 1238620. Flammabweisende Kompositionen enthaltende Celluloseester sowie Gegenstände daraus. Inh.: Celanese Corp. A. 2. 4. 69, B. 7. 7. 71. Kl.: C 3.F, Int. Kl.: C 08b 21/02, 27/58. A.-Z.: 46397/70 (ausgesch. aus Pat. 1226498).

Klasse C 08d. Synthesekautschuk

USP 3577310. Verfahren zum Binden eines Olefin-Elastomeren an Textilfäden und erhaltenes Produkt. Erf.: *Luigi Torti* u. *Guido Bertelli.* Inh.: Montecatini Edison S.p.A., Mailand (It). A. 10. 10. 67, B. 4. 5. 71. Kl.: 161-277, Int. Kl.: B 32b 27/06. 11 Anspr. A.-Z.: 674132. Prior.: 14. 10. 66 (It; A.-Z.: 28859/66). Entspr. FrP 1546704.

Klasse C 08f. Polymerisationsprodukte

FrP 1603722. Verfahren zur Herstellung von vernetzten polymeren Stoffen. Inh.: Polymer Corp. Ltd. A. 26. 7. 68, B. 2. 7. 71. Int. Kl.: C 08f. A.-Z.: 160908. Prior.: 4. 8. 67 (Ca; A.-Z.: 997079).

HERSTELLUNG

DOS 1928772 Zus. z. Anm.: 1795197. Verfahren zur Polymerisation von α-Olefinen. Erf.: *Bernd Diedrich* u. *Karl Diether Keil.* Anm.: Farbwerke Hoechst AG vorm. Meister Lucius & Brüning, 6230 Frankfurt-Höchst. (DB). A. 6. 6. 69, O. 10. 12. 70. Kl.: 39b4, 1/42. Int. Kl.: C 08f 1/42: A.-Z.: P 1928772. Entspr. DDP 76090, OeP 291559 u. FrP 2016081.

DOS 2009067. Verfahren zur Herstellung von Äthylen-Homopolymerisaten oder -Copolymerisaten mit α-Olefinen. Erf.: *Benedetto Calcagno* u. *Paolo Colombo.* Anm.: Società Italiana Resine S.p.A., Mailand (It). A. 26. 2. 70, O. 23. 12. 70. Kl.: 39b4, 1/42, Int. Kl.: C 08f 1/42. A.-Z.: P 2009067. Prior.: 28. 2. 69 (It; A.-Z.: 13483 A/69). Entspr. FrP 2037138.

FrP 2059204. Verfahren und Vorrichtung zum Kontrollieren der Polymerisation von HD-Äthylen. Inh.: Stamicarbon N. V. A. 25. 8. 70, B. 2. 7. 71. Int. Kl.: C 08f 1/00, 3/00. A.-Z.: 7031061. Prior.: 25. 8. 69 (Nd; A.-Z.: 69/12911).

GBP 1237169. Verfahren zur Herstellung von Äthylenpolymeren sowie Katalysatoren dafür. Inh.: Mitsubishi Petrochemical Co., Ltd. A. 25. 6. 69, B. 30. 6. 70. Kl.: C3.P, Int. Kl.: C 08f 1/56, 3/04, 15/04. A.-Z.: 32157/69.

GBP 1237207. Verfahren zur Herstellung von Äthylenpolymeren und -copolymeren. Inh.: Soc. Italiana Resine S.p.A. A. 14. 11. 69, B. 30. 6. 71. Kl.: C3.P, Int. Kl.: C 08f 1/42, 3/04. A.-Z.: 55994. Prior.: 23. 11. 68 (It; A.-Z.: 24086). Entspr. FrP 2023983.

ČSP 141135. Verfahren zur Herstellung von Katalysatoren, die sich zur Erzeugung von ungesättigten Copolymeren eignen. Erf.: *Cornelius Emile Petrus Valerius Van den Berg* u. *Roelof Fidder.* A. 2. 6. 65, B. 20. 11. 70. Kl.: 39c, 25/01, Int. Kl.: C 08f 3/02, 1/42. A.-Z.: 3578/65. Prior.: 2. 6. 64 (Nd; A.-Z.: 6406167). Entspr. DDP 53306, SzP 437807 u. FrP 1436975.

DDP 80315. Verfahren zur Polymerisation von α-Olefinen. Erf.: *Berd Diedrich, Kurst Rust, Siegfried Sommer* u. *Hans-Joachim Vetter.* Inh.: Farbwerke Hoechst AG vorm. Meister Lucius & Brüning (DB). A. 25. 6. 69, B. 5. 3. 71. Kl.: 39b4, 3/04, Int. Kl.: C 08f. A.-Z.: AP 39b4/140754.

DOS 1745569. Verfahren zur Herstellung von Polymerisaten des Vinylchlorids. Erf.: *Alex Sabel* u. *Johann Bauer.* Anm.: Wacker-Chemie GmbH, 8000 München (DB). A. 20. 12. 67, O. 10. 12. 70. Kl.: 39b4, 3/30, Int. Kl.: C 08f 3/30. A.-Z.: P 1745569 (W 43392). Entspr. DDP 71865, OeP 291565 u. FrP 1599329.

DOS 1934905. Verfahren zur Herstellung thermoplastischer Massen. Erf.: *Albert Frese, Gerhard Binder* u. *Fritz Baxmann.* Anm.: Chemische Werke Hüls AG, 4370 Marl. A. 10. 7. 69, O. 14. 1. 71. Kl.: 39b4, 3/02, Int. Kl.: C 08f 3/02. A.-Z.: P 1934905.

DOS 2027302. Verfahren zur Herstellung von Alkylenpolymeren. Erf.: *Cornelius Emile Petrus Valerius van den Berg, Jan Maria Houben, Leonard Jozef Gerard Tummers* u. *Thodorus Pulles.* Anm.: Stamicarbon N. V., Heerlen (Nd). A. 3. 6. 70, O. 10. 12. 70. Kl.: 39b4, 3/04, Int. Kl.: C 08f 3/04. A.-Z.: P 2027302. Prior.: 3. 6. 69 u. 14. 11. 69 (Nd; A.-Z.: 6908446 u. 6917130). Entspr. FrP 2054561.

OeP 293014. Verfahren zur Herstellung eines mit Schwefel vulkanisierbaren Polymeren. Inh.: Stamicarbon N. V., Heerlen (Nd). A. 5. 5. 69, B. 15. 1. 71. Kl.: 39b, 12. A.-Z.: 4318/69. Prior.: 3. 5. 68 (Nd; A.-Z.: 6806352).

OeP 293020 Zus. z. Pat. 280584. Verfahren zur Massepolymerisation von Vinylchlorid. Erf.: *Corrado Mazzolini, Luigi Patron* u. *Alberto Moretti.* Inh.: „Chatillon“ S. A. Italiana per le Fibre Tessili Artificiali S.p.A., Mailand (It). A. 15. 12. 69, B. 15. 1. 71. Kl.: 39b, 14. A.-Z.: 11665/69. Prior.: 16. 12. 68 (It; A.-Z.: 25161 A/68). Entspr. DOS 1962638 u. FrP 2026225.

DOS 1805158. Verfahren zur Herstellung von trans-Polypentamer. Erf.: *Wolfgang Oberkirch, Peter Günther* u. *Josef Witte.* Anm.: Farbenfabriken Bayer AG, 5090 Leverkusen. A. 25. 10. 68, O. 14. 1. 71. Kl.: 39b4, 5/00, Int. Kl.: C 08f 5/00. A.-Z.: P 1805158. Entspr. OeP 287293, S. 924/70, u. SzP 508669.

DOS 1620983. Verfahren zur Herstellung von Elastomeren. Erf.: *Guido Sartori, Alberto Valvassori* u. *Nazzareno Cameli.* Anm.: Montecatini Edison S.p.A., Mailand (It). A. 14. 4. 66, O. 10. 12. 70. Kl.: 39b4, 15/40, Int. Kl.: C 08f 15/40. A.-Z.: P 1620983 (M 69147). Prior.: 15. 4. 65 (It; A.-Z.: 8312/65).

DOS 1645212 Zus. z. Anm.: 1520702 u. 1176871. Verfahren zur Herstellung thermoplastischer Copolymerisate unter Verwendung von Estern alphabeta-ungesättigter Dicarbonsäuren. Erf.: *Wolfgang Tietz* u. *Johannes Wöllner.* Anm.: Rheinpreussen AG für Bergbau u. Chemie, 4102 Homberg. A. 2. 6. 66, O. 7. 1. 71. Kl.: 39b4, 15/02. Int. Kl.: C 08f 15/02. A.-Z.: P 1645212.

OeP 293723. Verfahren zur Herstellung von neuen Copolymeren. Erf.: *David Esanu* u. *André Viout.* Inh.: L'Oréal, Paris (Fr). A. 26. 7. 68, B. 15. 2. 71. Kl.: 39b, 14. A.-Z.: 7280/68. Prior.: 28. 7. 67 (Lu; A.-Z.: 54203).

FrP 2057522. Verfahren zur Herstellung von Äthylen-Pfropfcopolymeren. Inh.: VEB Leuna-Werke „Walter Ulbricht“. A. 25. 8. 69, B. 25. 6. 71. Int. Kl.: C 08f 15/00. A.-Z.: 6929076.

GBP 1237499. Verfahren zur Herstellung von Acrylnitrilcopolymeren. Inh.: Stamicarbon N. V. A. 23. 6. 69, B. 30. 6. 71. Kl.: C3.P, Int. Kl.: C 08f 15/36, 15/38, 15/40. A.-Z.: 31639/69. Prior.: 25. 6. 68 (Nd; A.-Z.: 6808960). Entspr. DOS 1932192, FrP 2011656 u. USP 3575943.

SUP 306139 (Urheberschein). Verfahren zur Herstellung fadenbildender Copolymerer des Acrylnitrils. Erf.: *G. A. Gabrieljan* u. *M. P. Pen'kova.* A. 24. 9. 68, B. 11. 6. 71. Int. Kl.: C 08f 15/00. A.-Z.: 1275040/23-5.

USP 3577399. Äthylencopolymere. Erf.: *George A. Mortimer.* Inh.: Monsanto Co., St. Louis, Mo. A. 23. 9. 68, B. 4. 5. 71. Kl.: 260-88,1, Int. Kl.: C 08f 15/04. 4 Anspr. A.-Z.: 761837.

USP 3577400. Neue Katalysatoren zur Polymerisation alicyclischer Olefine. Erf.: *William Allen Judy.* Inh.: The Goodyear Tire & Rubber Co., Akron, Ohio. A. 26. 8. 68, B. 4. 5. 71. Kl.: 260-88,2, Int. Kl.: C 08f 15/04. 13 Anspr. A.-Z.: 755376. Entspr. DOS 1943360 u. FrP 2016360.

DDP 80546. Verfahren zur Herstellung von Styrol-Butadien-Copolymerisatlatices. Erf.: *Peter Schab, Frans Hendrik Steffers* u. *Sybille Herchet.* A. 9. 7. 69, B. 12. 3. 71. Kl.: 39b4, 19/08, Int. Kl.: C 08f. A.-Z.: WP 39b4/141331.

FrP 2056057. Pfropfverfahren für Polyolefinpulver und daraus resultierende Produkte. Inh.: Compagnie Francaise de Raffinage. A. 26. 8. 69, B. 18. 6. 71. Int. Kl.: C 08f 27/00. A.-Z.: 6929170.

USP 3576787. Verfahren zum Vernetzen von Polymeren. Erf.: *Margaret A. Da Rooge* u. *Lee R. Mahoney.* Inh.: Ford Motor Co., Dearborn, Mich. A. 25. 2. 69, B. 27. 4. 71. Kl.: 260-47, Int. Kl.: C 08f 7/02, 27/00, C 08g 17/00. 4 Anspr. A.-Z.: 802082.

USP 3577397 Zus. z. Pat. m. A.-Z.: 711927. A. 11. 3. 68. Aus der Behandlung lebender Elastomerer mit Phosphazenen sich ergebendes Produkt und Verfahren. Erf.: *Adel F. Halasa* u. *Russell W. Koch.* Inh.: The Firestone Tire & Rubber Co., Akron, Ohio. A. 24. 11. 69, B. 4. 5. 71. 27/08. 13 Anspr. A.-Z.: 879596. A.-Z.: 711927 entspr. FrP 2003679.

DOS 1569148. Vulkanisierbare Mischungen. Erf.: *Giovanni Pedretti.* Anm.: Montecatini Edison S.p.A., Mailand (It). A. 20. 2. 64, O. 7. 1. 71. Kl.: 39b4, 29/02, Int. Kl.: C 08f 29/02. A.-Z.: P 1569148. Prior.: 21. 2. 63 (It; A.-Z.: 3566-63). Entspr. FrP 1386695 u. GBP 1033041.

DOS 1694410. Verfahren zum Schützen von vorzugsweise transparenten Formkörpern aus Polyvinylchlorid und Polyvinylchlorid-Mischpolymerisaten gegen die Einwirkung von ultravioletten Strahlen. Erf.: *Helmut Dilich.* Anm.: Jenaer Glaswerk Schott & Gen., 6500 Mainz (DB). A. 24. 3. 66, O. 10. 12. 70. Kl.: 39b4, 29/18, Int. Kl.: C 08f 29/18. A.-Z.: P 1694410 (J 30427).

DOS 1769637. Stabilisator für Vinylchloridpolymerisate. Erf.: *Friedrich-Peter Krellwitz, Werner Sammtlebe, Erwin Heine* u. *Peter Wolfram.* Anm.: Metallgesellschaft AG, 6000 Frankfurt (DB). A. 21. 6. 68, O. 23. 12. 70. Kl.: 39b4, 29/18, Int. Kl.: C 08f 29/18. A.-Z.: P 1769637. Entspr. DDP 75776 u. FrP 2011370.

DOS 1935239. Verfahren zum Herstellen stabiler, feinkristalliner Gefüge in festen partiell kristallinen Polyolefinen. Erf.: *Wolfgang Kleeberg, Klaus Hellmann* u. *Rudolf Wiedenmann.* Anm.: Siemens AG, 1000 Berlin u. 8000 München. A. 11. 7. 69, O. 14. 1. 71. Kl.: 39b4, 29/02, Int. Kl.: C 08f 29/02. A-Z.: P 1935239.

FrP 2056211. Organische Peroxide, die sich von ungesättigten Verbindungen ableiten, und Verwendung dieser Peroxide. Erf.: *E. Sacrini* u. *C. Cavallotti.* Inh.: Montecatini Edison S.p.A. A. 27. 5. 70, B. 18. 6. 71. Int. Kl.: C 07c 73/00, C 08f 29/00, C 08k 1/00. A.-Z.: 7019321. Prior.: 29. 7. 69 (It; A.-Z.: 20222 A/69).

GBP 1237792. Stabilisatorpaste für synthetisches Harz. Inh.: Associated Lead MFGS Ltd., *D. G. Pearson* u. *D. A. Youd.* A. 8. 1. 70, B. 30. 6. 71. Kl.: C3.P, Int. Kl.: C 08f 29/18, 45/54. A.-Z.: 1228/69.

DDP 80316. Thermoplastische Massen auf Basis von Polymeren und Copolymeren gegebenenfalls substituierter vinylaromatischer Kohlenwasserstoffe. Erf.: *Pierre Emile Boutiller* u. *Marcel Norbert Rozenbaum.* Inh.: Ugine Kuhlmann (Fr.) A. 8. 1. 70, B. 5. 3. 71. Kl.: 39b4, 41/02, Int. Kl.: C 08f. A.-Z.: AP 39b4/144853.

Klasse C 08g. Polykondensations- und Polyadditionsprodukte

DOS 1932866. Modifizierung des Verfahrens zur Herstellung von Polyoxymethylenen. Erf.: *Herbert Aman* u. *Erich Bäder.* Anm.: Deutsche Gold- und Silber-Scheideanstalt vorm. Roessler, 6000 Frankfurt. A. 28. 6. 69, O. 14. 1. 71. Kl.: 39b5, 1/02, Int. Kl.: C 08g 1/02. A.-Z.: P 1932866. Entspr. FrP 2048008.

SUP 306143 (Urheberschein). Verfahren zur Herstellung von thermisch beständigen Polyoxymethylenen. Erf. *Ju. I. Temčin, E. F. Burmistrov* u. *V. V. Zalevskij.* A. 17. 4. 68, B. 11. 6. 71. Int. Kl.: C 08g 1/22. A.-Z.: 1233496/23-5.

SzP 510709. Verfahren zur Herstellung von Aminotriazinharzen und ihre Verwendung. Erf.: *Giovanni Rebando.* Inh.: Montecatini Soc. Gen. per l'Industria Mineraria e Chimica, 1-2 Largo Guido Donegani, Mailand (It). A. 17. 6. 66. Int. Kl.: C 08g 9/00. A.-Z.: 8862/66. Prior.: 17. 6. 66 (It; A.-Z.: 14073/65).

DOS 1929149. Verfahren zur Endgruppenmodifizierung von Polyestern. Erf.: *Rudolf Titzmann, Josef Walter* u. *Hans Thaler.* Anm.: Farbwerke Hoechst AG vorm. Meister Lucius & Brüning, 6000 Frankfurt (DB). A. 9. 6. 69, O. 23. 12. 70. Kl.: 39b5, 17/14, Int. Kl.: C 08g 17/14. A.-Z.: P 1929149. Entspr. FrP 2045937.

GBP 1237079. Anfärbbare Polyester. Inh.: Imperial Chemical Industries Ltd. A. 2. 12. 68, B. 30. 6. 71. Kl.: C3.R, Int. Kl.: C 08g 17/08. A.-Z.: 55314/67. Entspr. DOS 1812998 u. FrP 1603780.

ČSP 141198. Verfahren zur Herstellung von ungesättigten Polyesterharzen. Erf.: *Renate Kiessig* u. *Wolfgang Janka*. A. 27. 12. 67, B. 20. 11. 70. Kl.: 39c, 16, Int. Kl.: C 08g 17/10. A.-Z.: 9217/67. Prior.: 30. 12. 66 (DD; A.-Z.: 39c/121899).

ČSP 141488. Verfahren zur Herstellung von Zwischenprodukten der Polyester-Polykondensation. Erf.: *Jiří Blažek*, *Ivo Růžek* u. *Iren Pavelka*. A. 6. 2. 67, B. 30. 12. 70. Kl.: 39c, 16. A.-Z.: 838/67.

ČSP 141506. Verfahren zur Herstellung von fadenbildenden Polyestern oder Copolyestern. Erf.: *Ivo Růžek*, *Iren Pavelka*, *Eduard Šittler*, *Jaroslav Kubiček* u. *František Hemer*. A. 3. 10. 67, B. 30. 12. 70. Kl.: 39c, 16. A.-Z.: 6986/67.

USP 3576790. Neues Katalysatorsystem zur Herstellung von Polyestern. Erf.: *Brian W. Pengilly*, *Yuzi Okuzumi* u. *Bernard J. Plaster*. Inh.: The Goodyear Tire & Rubber Co., Akron, Ohio. A. 20. 8. 69, B. 27. 4. 71. Kl.: 260-75, Int. Kl.: C 08g 17/015, C 07c 67/02. 19 Anspr. A.-Z.: 851720.

DDP 80317. Verfahren zum Herstellen von modifizierten Polyamiden mit erhöhtem Gehalt an Aminogruppen. Erf.: *Walter Fester*, *Ernst Hanschke* u. *Franz Jakob*. Inh.: Farbwerke Hoechst AG vorm. Meister Lucius & Brüning (DB). A. 11. 4. 69, B. 5. 3. 71. Kl.: 39b5, 20/38, Int. Kl.: C 08g. A.-Z.: AP 39b5/139185.

DOS 1933212. Verfahren zur Herstellung von hochmolekularen Polybenzoxazinonen. Erf.: *Günter Lorenz*, *Manfred Gallus*, *Wolfgang Gießler* n. *Günther Ernst Nischk*. Anm.: Farbenfabriken Bayer AG, 5090 Leverkusen. A. 1. 7. 69, O. 7. 1. 71. Kl.: 39b5, 20/38, Int. Kl.: C 08g 20/38. A.-Z.: P 1933212. Entspr. FrP 2054000.

DOS 1935484. Verfahren zur Herstellung von Polyamiden. Erf.: *Gerhard Grögler* u. *Günter Oertel*. Anm.: Farbenfabriken Bayer AG, 5090 Leverkusen. A. 12. 7. 69, O. 14. 1. 71. Kl.: 39b5, 20/30, Int. Kl.: C 08g 20/30. A.-Z.: P 1935484. Entspr. FrP 2055012.

FrP 1603640 (Aj.). Benzoylpyromellithsäuren und ihre entsprechenden Polyimide. Inh.: Société des Usines Chimiques Rhône-Poulenc. A. 16. 16. 68, B. 18. 6. 71. Int. Kl.: C 07c, C 08g 20/00. A.-Z.: 178507.

FrP 2057404. Neue lineare Polyamide. Inh.: E. I. du Pont de Nemours and Co. A. 11. 8. 69, B. 25. 6. 71. Int. Kl.: C 08 g 20/00. A.-Z.: 6928251.

FrP 2057883. Verfahren zur Herstellung von Fäden aus synthetischen Polymeren mit großer Affinität für basische Farbstoffe. Inh.: Snia Viscosa Società Nazionale Industria Applicazioni Viscosa S.p.A. A. 31. 7. 70, B. 25. 6. 71. Int. Kl.: D 01f 7/00, C 08g 20/00, 51/00, D 06p 3/00. A.-Z.: 7028367. Prior.: 2. 8. 69 (It; A.-Z.: 20499 A/69).

GBP 1237868. Antistatische Ausrüstung. Inh.: Courtaulds Ltd. A. 9. 10. 68, B. 30. 6. 71. Kl.: C3.R, Int. Kl.: C 08g 20/38. A.-Z.: 46287/67.

GBP 1238868. Herstellung verspinnbarer Polyamide. Inh.: Snia Viscosa Soc. Nazionale Industria Applicazioni Viscosa S.p.A. A. 26. 7. 68, B. 14. 7. 71. Kl.: C3. R, Int. Kl.: C 08g 20/38. A.-Z.: 35790/68. Prior. 8. 8. 67 (It; A.-Z.: 810901).

USP 3577385. Polyurethanelastomere, hergestellt durch Reaktion einer Mischung eines Polyoxyalkylenätherdiols eines zweiwertigen Phenols und eines Polyoxyalkylenäthers eines Polyols mit einem organischen Polyisocyanat. Erf.: *Joseph Feltzin* u. *Nadji Y. Tehrani*. Inh.: Atlas Chemical Industries Inc., Wilmington, Del. A. 15. 5. 67, B. 4. 5. 71. Kl.: 260-47, Int. Kl.: C 08g 22/26. 8 Anspr. A.-Z.: 638630. Entspr. GBP 1191788.

DOS 1932067. Neue Polyaryläthersulfone und Verfahren zu ihrer Herstellung. Erf.: *Gerhard Darsow*. Anm.: Farbenfabriken Bayer AG, 5090 Leverkusen. A. 25. 6. 69, O. 7. 1. 71. Kl.: 39b5, 23/16, Int. Kl.: C 08g 23/16. A.-Z.: P 1932067. Entspr. FrP 2051321.

FrP 2058568. Hitzebeständige Copolymere von Thiiranen. Erf.: *B. Boucheron*. Inh.: Ethylene Plastique. A. 16. 9. 69, B. 2. 7. 71. Int. Kl.: C 08g 23/00. A.-Z.: 6931476.

SUP 306145 (Urheberschein). Verfahren zur Herstellung von Polyphenylenoxiden. Erf.: *E. E. Baroni*, *K. A. Kovyrzina* u. *T. A. Cvetkova*. A. 10. 11. 69, B. 11. 6. 71. Int. Kl.: C 08g 23/24. A.-Z.: 1375808/23-5.

DOS 1935290. Neue Polyester mit Hydroxyl- und Carbonamidgruppen und ein Verfahren zu ihrer Herstellung. Erf.: *Wolf-Dieter Wirth* u. *Erwin Müller*. Anm.: Farbenfabriken Bayer AG, 5090 Leverkusen. A. 11. 7. 69, O. 14. 1. 71. Kl.: 39b5, 25/00, Int. Kl.: C 08g 25/00. A.-Z.: P 1935290. Entspr. FrP 2051696.

USP 3577386. Produkt und Verfahren. Erf.: *John E. Maier*. Inh.: Minnesota Mining and Manufacturing Co., St. Paul, Minn. A. 7. 10. 68, B. 4. 5. 71. Kl.: 260-47, Int. Kl.: C 08g 30/14, 30/16. 12 Anspr. A.-Z.: 765676. Entspr. FrP 2020041.

DOS 1935279. 4,5-aromatisch substituierte Polyimidazolone und Polythioimidazolone. Erf.: *Herbert Naarmann* u. *Herbert Willersinn*. Anm.: Badische Anilin- & Soda-Fabrik AG, 6700 Ludwigshafen. A. 11. 7. 69, O. 14. 1. 71. Kl.: 39b5, 33/02, Int. Kl.: C 08g 33/02. A.-Z.: P 1935279.

DOS 1933235. Natriumfluoridhaltige thermoplastische Polyesterformmassen. Erf.: *Johannes Brandrup*, *Günther Freund*, *Ludwig Brinkmann* u. *Horst Pfister*. Anm.: Farbwerke Hoechst AG vorm. Meister Lucius & Brüning, 6230 Frankfurt. A. 1. 7. 69, O. 14. 1. 71. Kl.: 39b5, 39/02, Int. Kl.: C 08g 39/20. A.-Z.: P 1933235.

DOS 1934718. Thermoplastische Formmassen. Erf.: *Walter Herwig* u. *Horst Pfister*. Anm.: Farbwerke Hoechst AG vorm. Meister Lucius & Brüning, 6000 Frankfurt. A. 9. 7. 69, O. 14. 1. 71. Kl.: 39b5, 39/02, Int. Kl.: C 08g 39/02. A.-Z.: P 1934718. Entspr. FrP 2051638.

DOS 1794108. Stabilisierte Polyurethane. Erf.: *Roland Nast*, *Harald Oertel* u. *Kurt Ley*. Anm.: Farbenfabriken Bayer AG, 5090 Leverkusen. A. 14. 9. 68, O. 7. 1. 71. Kl.: 39b5, 41/00, Int. Kl.: C 08g 41/00. A.-Z.: P 1794108. Entspr. FrP 2018124.

DOS 1928636. Verfahren zur Herstellung von Pigmentzubereitungen. Erf.: *Horst Belde*, *Ewald Daubach*, *Günther Worf*, *Dimiter Bayew* u. *Enno Lübcke*. Anm.: Badische Anilin- & Soda-Fabrik AG, 6700 Ludwigshafen. A. 6. 6. 69, O. 7. 1. 71. Kl.: 39b5, 41/02, Int. Kl.: C 08g 41/02. A.-Z.: P 1928636.

DOS 1931392. Thermoplastische Formmassen auf Polyacetal-Basis. Erf.: *Karlheinz Burg* u. *Harald Cherdron*. Anm.: Farbwerke Hoechst AG vorm. Meister Lucius & Brüning, 6000 Frankfurt. A. 20. 6. 69, O. 7. 1. 71. Kl.: 39b5, 43/02, Int. Kl.: C 08g 43/02. A.-Z.: P 1931392.

FrP 2057498. Antistatische thermoplastische Kompositionen. Inh.: Société Rhodiaceta. A. 22. 8. 69, B. 25. 6. 71. Int. Kl.: C 08g 51/00, 39/00, 41/00. A.-Z.: 6928876.

SUP 306150 (Urheberschein). Thermisch beständige Polymermischung. Erf.: *B. M. Kovarskaja*, *V. V. Gur'janova*, *G. B. Zveginceva* u. *S. A. Spiridonova*. A. 12. 11. 69, B. 11. 6. 71. Int. Kl.: C 08g 51/62. A.-Z.: 1376629/23-5.

USP 3576780. Verarbeitbare Bisphenolpolyesterkompositionen. Erf.: *Winston J. Jackson, jr.* Inh.: Eastman Kodak Co., Rochester, N. Y. A. 28. 3. 69, B. 27. 4. 71. Kl.: 260-30,6, Int. Kl.: C 08g 51/50. 16 Anspr. A.-Z.: 811667. Entspr. DOS 2013505.

USP 3577381. Hitzestabilisierung von Polyesterharz mit Phenylphosphinsäuren. Erf.: *Mary J. Stewart* u. *John A. Price*. Inh.: FMC Corp., Philadelphia, Pa. A. 25. 4. 68, B. 4. 5. 71. Kl.: 260-45,7, Int. Kl.: C 08g 51/58. 9 Anspr. A.-Z.: 724280. Vgl. auch USP 3119884. Entspr. FrP 2006891 u. GBP 1224976.

SzP 510077. Verfahren zum Färben von Polyamiden in der Schmelze. Erf.: *Werner Saar*. Inh.: Ciba-Geigy AG, Basel (Sz). A. 26. 6. 69. Int. Kl.: C 08g 53/04. A.-Z.: 9785/69. Entspr. FrP 2051337.

SzP 510718. Verfahren zur Herstellung von Polyamid-Formgebilden. Erf.: *Rudolf Gabler*, *Josef Studinka*, *Heinz Lüssi* u. *Clau Berther*. Inh.: Inventa AG für Forschung und Patentverwertung, Zürich, Stampfenbachgasse 38, Korrespondenzadresse: Postfach 2701, Zürich 23 (Sz). A. 9. 2. 71. Int. Kl.: C 08g 53/14, D 01f 7/04, C 09d 3/70. A.-Z.: 1868/71.

C 08j. Allgemeine Herstellungs- und Verarbeitungsverfahren

DOS 1933964. Verfahren und Vorrichtung zum Kondensieren bzw. Vulkanisieren. Erf.: *Heinz Fleissner*. Anm.: Vepa AG, Basel (Sz). A. 4. 7. 69, O. 14. 1. 71. Kl.: 39b7, 1/00, Int. Kl.: C 08j 1/00. A.-Z.: P 1933964.

Sektion D. Textilien und Papier

TEXTILIEN

Klasse D 01. Natürliche oder künstliche Fäden oder Fasern; Spinnen

Klasse D 01b. Mechanische Behandlung von natürlichen faserigen oder fadenförmigen Stoffen zur Gewinnung von Fasern oder Fäden, z. B. zum Verspinnen

FrP 2060132. Verfahren zum Waschen und für andere Behandlungen von Rohwolle und analogen Faserstoffen, Vorrichtung und Anlage zur Durchführung des Verfahrens. Erf.: *B. Sauvage*. Inh.: Edmond Bano & Cie. A. 28. 8. 70, B. 16. 7. 71. Int. Kl.: D 01b 3/00. A.-Z.: 7032156. Prior.: 29. 8. 69 u. 7. 8. 70 (Be; A.-Z.: 42413 u. 42952).

FrP 2059072. Kastenspeicher mit Volumenregelung und Absaugvorrichtung für Textilmaterialien. Inh.: Soc. An. des Ateliers Houget Duesberg Bosson. A. 21. 8. 70, B. 2. 7. 71. Int. Kl.: D 01b 5/00. A.-Z.: 7030697. Prior.: 25. 8. 69 (Be; A.-Z.: 737910).

Klasse D 01c. Chemische Behandlung von natürlichen fadenförmigen oder faserigen Stoffen zur Gewinnung von Fäden oder Fasern zum Verspinnen; Karbonisieren von Lumpen zur Rückgewinnung tierischer Fasern

DOS 1769985. Verfahren zur Entfettung von Wolle. Erf. u. Anm.: *Raymond Arthur Couche*, Perth (Au). A. 17. 8. 68, O. 23. 12. 70. Kl.: 29b, 1/01, Int. Kl.: D 01c. 3A.-Z.: P 1769985. Prior.: 18. 8. 67 (Au; A.-Z.: 26133/67). Entspr. FrP 1579174.

FrP 2055848. Produkt zum Entbasten von Naturseide und Entfetten von Fäden. Erf.: *R Machon*, *J. Flechet* u. *E. Hugo*. A. 1. 8. 69, B. 18. 6. 71. Int. Kl.: D 01c 3/00, C 11d 9/00, D 06l 1/00. A.-Z.: 6926402.

Klasse D 01d. Mechanische Verfahren und Vorrichtungen für die Herstellung von künstlichen Fäden, Gespinsten, Fasern, Borsten oder Bändern

DOS 1660293. Verfahren zur Verstreckung von hochelastischen Elastomerfäden. Erf.: *Hans Lenz*, *Kurt Bernklau* u. *Herbert Marzolph*. Anm.: Farbenfabrik Bayer AG, 5090 Leverkusen (DB). A. 24. 9. 65, O. 10. 12. 70. Kl.: 29a, 6/31, Int. Kl.: D 01d. A.-Z.: P 1660293 (F 47273). Entspr. OeP 285026, SzP 451393 u. GBP 1122446.

DOS 1660316. Verfahren und Vorrichtung zur Herstellung von spinngekräuselten Fäden aus linearen Hochpolymeren. Erf.: *Ingolf Jacob* u. *Ralf Ueberdick*. Anm.: Farbwerke Hoechst AG vorm. Meister Lucius & Brüning, 6230 Frankfurt-Höchst. A. 3. 1. 67, O. 14. 1. 71. Kl.: 29a, 6/20, Int. Kl.: D 02g. A.-Z.: P 1660316 (F 51163). Entspr. SzP 488032. FrP 1559751, GBP 1173392 u. USP 3480709.

DOS 1931265. Verfahren zur Herstellung eines Faserverbandes, insbesondere eines Garnes oder eines Filzes. Erf.: *Gjoko Victor Ruzio*. Anm.: Etex AG, Stansstad, Luzern (Sz). A. 20. 6. 69, O. 23. 12. 70. Kl.: 29a, 6/06, Int. Kl.: D 01d. A.-Z.: P 1931265.

DOS 1932342. Verfahren zur Herstellung eines Effektgarns. Erf.: *Dieter Frank*, *Helmut Werner* u. *Werner Drachenberg*. Anm.: Glanzstoff AG, 5600 Wuppertal. A. 26. 6. 69, O. 7. 1. 71. Kl.: 29a, 6/06, Int. Kl.: D 01d. A.-Z.: P 1932342.

DOS 1933374. Maschine zur Umwandlung von Endlosfadenkabeln zu einem Stapelfaserband. Erf.: *Adly Abdel-Moniem Gorrafa*. Anm.: E. I. du Pont de Nemours and Co., Wilmington, Del. (US). A. 1. 7. 69, O. 7. 1. 71. Kl.: 29a, 6/05, Int. Kl.: D 01 d. A.-Z.: P 1933374.

DOS 1934541. Verfahren und Vorrichtung zur Herstellung von Stapelfasern aus thermoplastischen Kunststoffen. Erf.: *Heinz Gehrig*, *Richard Sinn*, *Dieter Stockburger*, *Johann Zizlsperger*, *Helmut Pfannmüller* u. *Friedrich Urban*. Anm.: Badische Anilin- & Soda-Fabrik AG, 6700 Ludwigshafen. A. 8. 7. 69, O. 14. 1. 71. Kl.: 29a, 6/05, Int. Kl.: D 01d 5/26. A.-Z.: P 1934541. Entspr. FrP 2054358.

DOS 2026767. Verfahren zur Herstellung von gekräuselten Fäden oder Garnen. Erf.: *Jan Dekker* u. *Frans Bernard Johan van Asperen*. Anm.: Shell Internationale Research Maatschappij N. V., Den Haag (Nd). A. 1. 6. 70, O. 10. 12. 70. Kl.: 29a, 6/06, Int. Kl.: D 01d 5/00. A.-Z.: P 2026767. Prior.: 3. 6. 69 (Nd; A.-Z.: 6908384). Entspr. FrP 2049715.

DOS 2029437. Verfahren zur Herstellung von Garnen aus olefinischen Polymerisaten. Erf.: *Floriana Bertinotti*, *Ezio Danielli* u. *Fulvio Florio*. Anm.: Montecatini Edison S.p.A., Mailand (It). A. 15. 6. 70, O. 7. 1. 71. Kl.: 29a, 6/31 (29a, 6/20), Int. Kl.: D 01d 5/12, 5/22. A.-Z.: P 2029437. Prior.: 17. 6. 69 (It; A.-Z.: 18262-69). Entspr. FrP 2052629.

SzP 511294. Verfahren zur Herstellung von Monofilen aus Polyamid 12. Erf.: *Hans-Peter Lys* u. *Kaspar Ryffel*. Inh.: Inventa AG für Forschung und Patentverwertung, Zürich, Stampfenbachstraße 38 (Sz). A. 8. 10. 70. Int. Kl.: D 01d 5/10. A.-Z.: 14883/70.

FrP 2057698. Fibride enthaltender Bikomponentenfaden und Verfahren zu seiner Herstellung. Inh.: E. Bobkowicz u. A. J. Bobkowicz. A. 17. 6. 70, B. 25. 6. 71. Int. Kl.: D 01d 5/00, D 02g 3/00. A.-Z.: 7022282. Prior.: 15. 9. 69 (Ca; A.-Z.: 062054).

USP 3576931. Verfahren zur Herstellung fibrillierter Fasern. Erf.: *Sohinder Nath Chopra* u. *Hilaire Marcel Turmel*. Inh.: Celanese Corp., New York, N. Y. A. 3. 7. 67, B. 27. 4. 71. Kl.: 264-51, Int. Kl.: B 29h 7/20, D 01d 5/12. 5 Anspr. A.-Z.: 650948. Entspr. FrP 1562804.

DDP 80962. Überlaufrolle für das Fadentrennen an einer Vorrichtung zur verlustlosen Fadenumlegung. Erf. u. Inh.: *Rainer Taubert, Martin Siegel, Wolfgang Hirt* u. *Johannes Hunger*. A. 26. 5. 70, B. 5. 4. 71. Kl.: 29a, 6/15, Int. Kl.: D 01d 7/00. A.-Z.: WP 29a/147737.

DOS 1926310. Schwingungsarme Hochleistungsspulmaschine. Erf.: *Hans-Jochen Busch*. Anm.: Barmag Barmer Maschinenfabrik AG, 5600 Wuppertal (DB). A. 23. 5. 69, O. 3. 12. 70. Kl.: 29a, 6/01, Int. Kl.: D 01f. A.-Z.: P 1926310.

Klasse D 01f. Chemische Gesichtspunkte bei der Herstellung von künstlichen Fäden, Gespinsten, Fasern, Borsten oder Bändern

DOS 1494698. Verfahren zur Herstellung hochfester Fäden aus regenerierter Cellulose und die danach hergestellten Produkte. Erf.: *Geert Antema, Tietso Kuipers* u. *Johannes Jacobus Maria Mulderink*. Anm.: N. V. Onderzoekingsinstituut, Arnheim (Nd). A. 18. 10. 63, O. 10. 12. 70. Kl.: 29b, 3/20, Int. Kl.: D 01f. A.-Z.: P 1494698 (N 23904). Prior.: 30. 10. 62 (Nd; A.-Z.: 284888). Entspr. SzP 421373, FrP 1371724, GBP 991156, SvP 301363 u. USP 3364290.

DDP 80964. Verfahren zur Herstellung gefärbter Fäden und Fasern aus Acrylnitril-Vinylidenchlorid-Copolymeren. Erf. u. Inh.: *Ulrich Loerzer, Joachim Aurich, Joachim Orgis, Gerhard Siegemund, Helmut Hoffmann* u. *Inge Bohm*. A. 24. 12. 69, B. 5. 4. 71. Kl.: 29b, 3/65, Int. Kl.: D 01f. A.-Z.: WP 29b/144634.

DOS 1494688. Synthetische Textilfäden aus organischen Polymerisaten und Verfahren zu ihrer Herstellung. Erf.: *John Peter Knudsen*. Anm.: Monsanto Co., St. Louis, Mo. (US). A. 5. 5. 65, O. 10. 12. 70. Kl.: 29b, 3/65, Int. Kl.: D 01f. A.-Z.: P 1494688 (M 65126). Prior.: 6. 5. 64 (US; A.-Z.: 365248). Entspr. FrP 1443253 u. GBP 1063271.

DOS 1794167. Antistatische Kunststoffasern und Verfahren zur Herstellung derselben. Erf. nicht genannt. Anm.: E. I. du Pont de Nemours and Co., Wilmington, Del. (US). A. 18. 8. 68, O. 7. 1. 71. Kl.: 29b, 3/60, Int. Kl.: D 01f 7/04. A.-Z.: P 1794167.

DOS 1931822. Fibrillen aus faserbildenden Kunststoffen und Verfahren zur Herstellung derselben. Erf.: *Harry Davis Anspon, Bert Howard Clampitt, Donald George Ashburn* u. *Francis Earl Brown*. Anm.: Gulf Research & Development Co., Pittsburgh, Pa. (US). A. 23. 6. 69, O. 7. 1. 71. Kl.: 29b, 3/70, Int. Kl.: D 01f. A.-Z.: P 1931822.

DOS 1935240. Verfahren zur Herstellung von Spinnlösungen von optisch aktiven 4-Methylacetidionen-2-Polymerisaten, -Copolymerisaten und -Polymerengemischen. Erf.: *Ernst Höroldt* u. *Otto Fuchs*. Anm.: Farbwerke Hoechst AG vorm. Meister Lucius & Brüning, 6230 Frankfurt-Höchst. A. 11. 7. 69, O. 14. 1. 71. Kl.: 29b, 3/60, Int. Kl.: D 01f. A.-Z.: P 1935240.

OeP 292909. Kristalliner orientierter Faden und Verfahren zu seiner Herstellung. Inh.: E. I. du Pont de Nemours and Co., Wilmington, Del. (US). A. 29. 12. 67, B. 15. 1. 71. Kl.: 29b, 15/02. A.-Z.: 11826/67.

FrP 2056785. Verfahren zur Herstellung farbstoffaufnahmefähiger Polyolefinfäden. Erf.: *B. Beghelli* u. *P. Camprincoli*. Inh.: Montecatini Edison S.p. A. A. 10. 8. 70, B. 18. 6. 71. Int. Kl.: C 08f 47/00, 29/00, C 08g 30/00, D 01f 7/00. A.-Z.: 7029378. Prior.: 11. 8. 69 (It; A.-Z.: 20795 A/69).

FrP 2058728. Verfahren zur Herstellung von neuen Fäden und Garnen auf Basis von Polypropylen. Inh.: Chisso Sorp. A. 23. 9. 69, B. 2. 7. 71. Int. Kl.: D 02g 3/00, D 01f 7/00. A.-Z.: 6932322.

FrP 2058787. Zusammengesetzte Fäden auf Basis von Polyamiden. Inh.: Société Rhodiaceta. A. 25. 9. 69, B. 2. 7. 71. Int. Kl.: D 01f 7/00, C 08g 20/00. A.-Z.: 6932801.

GBP 1237052. Feuchtekontrolle beim Erspinnen von Fäden aus synthetischen aromatischen Polyestern. Inh.: Imperial Chemical Industries Ltd. A. 24. 2. 70, B. 30. 6. 71. Kl.: B5.B, Int. Kl.: D 01f 7/04, 7/06. A.-Z.: 16457/69. Entspr. DOS 2013920 u. FrP 2040083.

GBP 1237124. Herstellung von Fäden, Filmen oder Garnen. Inh.: Imperial Chemical Industries Ltd. A. 10. 2. 69, B. 30. 6. 71. Kl.: B5. B, Int. Kl.: D 01f 7/06. A.-Z.: 12647.

GBP 1237901. Bikomponentenfäden. Inh.: Imperial Chemical Industries Ltd. A. 22. 1. 69, B. 7. 7. 71. Kl.: B 5. B, Int. Kl.: D 01f 7/04, 7/06. A.-Z.: 5167/68. Entspr. DOS 1904876.

GBP 1238488. Herstellung von Fäden und Garnen. Inh.: Imperial Chemical Industries Ltd. A. 29. 4. 69, B. 7. 7. 71. Kl.: B5.B, Int. Kl.: D 01f 7/06. A.-Z.: 25159/68. Entspr. DOS 1926948 u. FrP 2009430.

Klasse D 02. Garne, mechanische Veredlung von Garnen oder Seilen; Schären oder Bäumen

Klasse D 02g. Kräuseln oder Krimpfen (Texturieren) von Fasern, Fäden, Zwirnen oder Garnen; Garne oder Zwirne

DOS 1660152. Vorrichtung zum Verwirren von Endlosfäden mittels Gas. Erf.: *Hendrikus Gerardus Jeurissen* u. *Gerardus Wilhelmus Bles*. Anm.: Algemene Kunstzijde Unie N. V., Arnheim (Nd). A. 13.12.65, O. 23. 12: 70. Kl.: 29a, 6/20, Int. Kl.: D 02g. A.-Z.: P 1660152 (A 51067). Prior. 18. 12. 64 (Nd; A.-Z.: 6414783). Entspr. OeP 278232.

DOS 1660217. Verfahren und Vorrichtung zum Kräuseln von Fäden oder Garn. Erf.: *Ewart Henry Shattuck*. Anm.: Joseph Bancroft & Sons Co., Wilmington, Del. (US). A. 25. 3. 66, O. 14. 1. 71. Kl.: 29a, 6/20, Int. Kl.: D 02g. A.-Z.: P 1660217 (B 86354).

DOS 1660639. Verfahren und Vorrichtung zum Falschzwirnen von endlosen Fäden. Erf.: *Gentaro Niina, Tadashi Tameshige* u. *Shoji Makabe*. Anm.: Teijin Ltd., Osaka (Ja). A. 25. 8. 65, O. 14. 1. 71. Kl.: 29a, 6/20, Int. Kl.: D 02g. A.-Z.: P 1660639 (T 29277). Prior.: 27. 8. 64, 28. 1. 65 u. 3. 2. 65 (Ja; A.-Z.: 48866-64, 4840-65 u. 5823-65). Entspr. SzP 490534, FrP 1445391 u. USP 3327463.

DOS 1931207. Friktionskräuselung synthetischer Fäden. Erf.: *Otto Lang*. Anm.: Kugelfischer Georg Schäfer & Co., 8720 Schweinfurt. A. 20. 6. 69, O. 14. 1 71. Kl.: 29a, 6/20, Int. Kl.: D 02g. A.-Z.: P 1931207. Entspr. FrP 2046937.

DOS 1931435. Vorrichtung zur Erzeugung falschen Dralles. Erf.: *Walter Riedl*. Anm.: Michalke, Ernst, 8901 Foret. A. 20. 6. 69, O. 7. 1. 71. Kl.: 29a, 6/20, Int. Kl.: D 02g. A.-Z.: P 1931435.

SzP 510757. Vorrichtung zum Kräuseln von Textilgarnen durch Falschdrall. Erf.: *Josef Raschle*. Inh.: Heberlein & Co. AG, Wattwil (Sz). A. 21. 5. 69. Int. Kl.: D 02g 1/06. A.-Z.: 7694/69. Entspr. DOS 2024499, u. FrP 2046186.

SzP 510759. Vorrichtung zum Kräuseln eines Fadens. Erf.: *James R. Hodges*. Inh.: Joseph Bancroft & Sons Co., Rockford, Wilmington (US). A. 11. 8. 69. Int. Kl.: D 02g 1/12. A.-Z.: 2847/71.

SzP 511303. Verfahren zur Entwicklung einer latenten Kräuselung eines texturierten Garnes aus thermoplastischen Fäden. Erf.: *Henry Michael Strub jr.*, Inh.: Rhe Duplan Corp., P. O. Box 2898, Winston-Salem, N. C. (US). A. 7. 7. 69, B. 15. 4. 71. Int. Kl.: D 02g 1/20, D 02j 13/00. A.-Z.: 10344/69.

FrP 1603892 (Aj.). Verbesserung der Spindelantriebsgaletten an Falschdrahtmaschinen. Inh.: Fougeirol, J. T. G. A. 23. 12. 68, B. 16. 7. 71. Int. Kl.: D 02g. A.-Z.: 50788 Rhône.

FrP 2055854. Neue magnetische Monogaletten-Falschdrahtspindel. Inh.: Ateliers Roannais des Constructions Textiles. A. 1. 8. 69, B. 18. 6. 71. Int. Kl.: D 02g 1/00. A.-Z.: 6926460.

FrP 2055855. Neue magnetische Falschdrahtspindel. Inh.: Ateliers Roannais de Constructions Textiles. A. 1. 8. 69, B. 18. 6. 71. Int. Kl.: D 02g 1/00. A.-Z.: 6926461.

GBP 1237218. Polyesterfäden und -kabel. Inh.: Imperial Chemical Industries Ltd. A. 8. 11. 68, B. 30. 6. 71. Kl.: D 1.F, Int. Kl.: D 02g 1/12. A.-Z.: 52711/67. Entspr. DOS 1810091 u. FrP 1595708.

ČSP 141220. Verfahren zur kontinuierlichen Erzeugung von Hochbauschstapelfasern und Zwirnmaschine zur Durchführung dieses Verfahrens. Erf.: *Oldřich Procházka, Milan Pečenka* u. *Jiří Vaverka*. A. 22. 3. 68, B. 20. 11. 70. Kl.: 29a, 6/20, Int. Kl.: D 02g 1/18. A.-Z.: 2205/68.

SzP 511305. Verfahren zur Herstellung von seitlich stellenweise gequetschten Kunststoffäden oder -garnen. Erf. u. Inh.: *Joseph Kantorowicz*, Habsburgstraße, Windisch. A. 10. 5. 68, B. 30. 4. 71. Int. Kl.: D 02g 3/34. A.-Z.: 7024/68.

GBP 1239331. Kompositgarn. Inh.: Mitsubishi Rayon Co. Ltd. A. 17. 6. 69, B. 14. 7. 71. Kl.: D1. W, Int. Kl.: D 02g 3/28, 3/04, 3/24, A.-Z.: 30726/69.

GBP 1239481. Herstellung von Streich-Garnen. Inh.: Research T. M. M. Ltd. A. 14. 1. 69, B. 14. 7. 71. Kl.: D1.F, Int. Kl.: D 02g 3/00. A.-Z.: 3559/68.

USP 3577718. Maschine zum Beschichten von Garn. Erf.: *James J. Purcell*. Inh.: Sheer Elastic Corp. A. 24. 3. 69, B. 4. 5. 71. Kl.: 57-18, Int. Kl.: D 02g 3/28, 3/38, 3 Anspr. A.-Z.: 809716.

PAPIER

Klasse D 21. Papierherstellung; Gewinnung von Cellulose bzw. Zellstoff

Klasse D 21c. Gewinnung von Cellulose durch Abscheiden nichtcelluloseartiger Substanzen von cellulosehaltigen Stoffen; Wiedergewinnung der Zellstoffablaugen; Vorrichtungen dafür

SzP 510168. Verfahren zur Herstellung von Pasten mit hohem Nutzeffekt und hohem Weißgrad für die Papierherstellung. Erf.: *Emilio Kruger, Guglielmo Ruffini, Giovanni Gandini* u. *Franco Ghislandi*. Inh.: Vita Mayer & Co. già F.lli Vita S.a.S. Via Montenapoleone 9, Mailand (It). A. 24. 10. 69. Int. Kl.: D 21c 3/02. A.-Z.: 15898/69. Prior.: 30. 7. 69 u. 26. 9. 69 (It; A.-Z.: 20285 A/69 u. 22550 A/69).

USP 3574051. Rückgewinnung von Schwarzlauge. Erf.: *Indravadan S. Shah*, Inh.: Chemical Construction Corp., New York, N. Y. A. 8. 2. 68, B. 6. 4. 71. Kl.: 162-30, Int. Kl.: D 21c 11/10, 11/12. 3 Anspr. A.-Z.: 704054. Entspr. GBP 1208253.

Sektion G. Physik

Klasse G 01 Messen

Klasse G 01n. Prüfen von chemischen und/oder physikalischen Eigenschaften von Stoffen einschließlich Laboratoriumsgeräte

DDP 81494. Verfahren und Vorrichtung zur exakten Bestimmung der Neigung zum Ausharren bzw. Abflusen bei Materialien mit Haar- oder Faseroberfläche. Erf. u. Inh.: *Horst Hupfer, Joachim Erbs, Karlheinz Wagner, Dieter Springer, Wolfgang Döring, Kurt Adam*; *Josef Altmann* u. *Hans Schaufel*. A. 5. 2. 70, B. 20. 4. 71. Kl.: 42k, 50, Int. Kl.: G 01n. A.-Z.: WP 42k/145 334.

SUP 306407 (Urheberschein). Verfahren zur Ermittlung der optimalen Carbonisierdauer von Polymermaterialien. Erf.: *L. K. Dereza, B. S. Tul'činskij* u. *V. M. Gašin*. A. 25. 2. 70, B. 11. 6. 71. Int. Kl.: G 01n 25/32. A.-Z.: 1407403/23-5.

Literaturschau

Auszug aus Lieferung 3 und 4/1972 der Literaturschau „Faserstoffe und Textiltechnik", zusammengestellt von der Abteilung Information und Dokumentation des Instituts für Polymerenchemie der DAW, 153 Teltow-Seehof, Kantstr. 55

I. Wissenschaftliche Grundlagen

Physik und Chemie der Hochpolymeren

Schroeder, H. E.: Neuere Entwicklungen bei synthetischen Elastomeren. Angew. makromol. Chemie, Basel **16/17** (1971) S. 1 – 15, (engl.).

Vinogradov, G. V., Malkin, A. Ja., Berežnaja, G. V.: Experimentelle Untersuchung rheologischer Eigenschaften von konzentrierten Polymerlösungen. Vysokomol. Soed. (Hochmol. Verbind.) Serie A **13** (1971) 12, S. 2793 – 2799.

Yamakawa, H., Tanaka, G.: Viskositätszahl von Polymerketten mit kleinem ausgeschlossenem Volumen. J. chem. Physics **55** (1971) 7 (Teil 1), S. 3188 – 3195.

Usmanov, Ch. U., Gluchova, S. V., Kozin, G. M.: Über die Messung der Viskositätszahl und der Trübung von Cellulose- und Nitrocelluloselösungen. Vysokomol. Soed. (Hochmol. Verbind.) Serie B: Kratkie Soobšč. (Kurzmitt.) 8 (1971) 12, S. 892 – 895.

Urwin, J. R., Girolamo, M.: Bestimmung der intramolekularen Phasenübergänge von Blockcopolymeren in Lösung aus Viskositäts-Temperatur-Untersuchungen. Makromol. Chemie **150** (1971) S. 179 – 188. (engl.)

Literaturschau

Kramer, O., Frederick, J. E.: Messung der Diffusionskonstanten von polydispersen statistisch geknäuelten Makromolekülen durch die Rayleigh-Linienbreite. Macromolecules, Washington **4** (1971) 5, S. 613 – 617.

McKinney, R., jr., Rhodes, J. H.: Membranen aus aromatischen Polyamiden für Trennungen durch umgekehrte Osmose. Macromolecules, Washington **4** (1971) 5, S. 633 – 637.

Pavlova, S. A., Timofeeva, G. I., Koršak, V. V., Vinogradova, S. V., Tur, D. R., Šaroši, D.: Untersuchung der Verteilung der relativen Molekülmassen von Poly-[2,5-(4',4''-diphenylenphthalid)-1,3,4-oxadiazol]. Vysokomol. Soed. (Hochmol. Verbind.) Serie A **13** (1971) 12, S..2643 – 2652.

Singh, D., Merrill, R. P.: Verteilung der relativen Molekülmasse des durch Ziegler/Natta-Katalysatoren erhaltenen Polyäthylens. Macromolecules, Washington **4** (1971) 5, S. 599 – 604.

Broadhurst, M. G., Mopsik, F. I.: Schwingungsfrequenzspektrum für Polymere. J. chem. Physics **55** (1971) 8 (Teil 1) S. 3708 – 3711.

Ščegolev, S. Ju., Klenin, V. I.: Bestimmung der Parameter von komplizierten dispersen Polymersystemen auf Grund ihres Trübungsspektrums. Vysokomol. Soed. (Hochmol. Verbind.) Serie A **13** (1971) 12, S. 2809 bis 2815.

Glenz, W., Peterlin, A.: Infrarot-Untersuchungen an verstrecktem Polyäthylen. Kolloid-Z. u. Z. Polymere **247** (1971) 1/2, S. 786 – 794.

Panov, V. P., Dubina, V. P., Žbankov, R. G.: IR-spektroskopische Untersuchung von deuterierten Cellulosenitraten mit unterschiedlicher Struktur. Vysokomol. Soed. (Hochmol. Verbind.) Serie A **13** (1971) 12, S. 2667 bis 2670.

Panov, V. P., Žbankov, R. G.: IR-spektroskopische Untersuchung der Adsorption von Wassermolekülen durch Cellulosenitrate. Vysokomol. Soed. (Hochmol. Verbind.) Serie A **13** (1971) 12, S. 2671 – 2675.

Kuhn, R., Bugdahl, V., Cantow, H.-J.: Zur Unverträglichkeit von Polymergemischen. VI. Lichtstreuungs- und Trübungsmessungen an hochmolekularem Polystyrol und Poly-α-methylstyrol in Polyisobutylen/Benzol. VII. Lichtstreuungsmessungen an quaternären und quintären Polymersystemen Polymer(1)/Polymer(2)/Polymer(3)/Benzol und Polymer(1)/Polymer(2)/Polymer(3)/Polymer(4)/Benzol. Angew. makromol. Chemie, Basel **18** (1971) S. 109 – 114; 115 – 120,

Harris, P. H.: Bemerkungen zur Lichtstreuung an dicken Fäden bei senkrechtem Einfall. J. colloid interface Sci. **32** (1970) 2, S. 371.

Tiňo, J., Plaček, J.: ESR-Untersuchung von γ-bestrahlten Methylmethacrylat/Maleinsäureanhydrid-Copolymeren. European Polymer J. **7** (1971) 12, S. 1615 – 1620.

Hoffmann, V., Heise, B., Frank, W.: Phononenanregung im Submillimetergebiet in amorphem und teilkristallinem Polyäthylenterephthalat. Kolloid-Z. u. Z. Polymere **247** (1971) 1/2, S. 795 – 800.

Gafurov, U. G.: Über die Spaltung der Polymerketten beim Orientierungsrecken von Kapron unter verschiedenen Temperaturbedingungen. Mech. Polimerov, Riga. (Mech. der Polymeren) **7** (1971) 4, S. 649 – 653.

Hogea, I., Părăuşanu, V., Roncea, C., Sinchievici, E.: Beziehungen zwischen Struktur und physikochemischen Eigenschaften von Polyäthylen niederer Dichte. I. Strukturelle Veränderungen des Polyäthylens während des photooxydativen Abbaues. Materiale plast., Bucureşti **8** (1971) 11, S. 581 bis 584.

Abramova, I. M., Burlak, L. F., Kazarjan, L. G., Tichomirov, V. S., Serenkov, V. I.: Über die Veränderung der Struktur von Ftorlon bei Bestrahlung mit γ-Strahlen. Plast. Massy, Moskva (Plast. Massen) (1971) 12, S. 34 bis 37.

Treiber, E.: Orientierende Untersuchung der Partikel in der Viskose mit Hilfe des Rasterelektronenmikroskops. Svensk Papperstidn. **74** (1971) 23, S. 805 – 808. (engl.)

Byčkovskij, N. I., Nosov, M. P., Baranov, V. G.: Strukturübergänge bei dem Orientierungsrecken von sphärolithhaltigen Polycaproamid-Proben. Mech. Polimerov, Riga (Mech. der Polymeren) **7** (1971) 5, S. 954.

Kučinka, M. Ju., Šostak, T. S., Bykova, G. P., Anochin, V. V.: Einfluß der Strukturveränderungen auf das Sorptionsvermögen und die mechanischen Eigenschaften von Polyformaldehyd-Faserstoff. Mech. Polimerov, Riga (Mech. der Polymeren) **7** (1971) 6, S. 1103 – 1106.

Kireenko, O. F., Marichin, V. A., Mjasnikova, L. P.: Fraktografische Untersuchung des Wachstums von Makrorissen im orientierten Kapron. Mech. Polymerov, Riga (Mech. der Polymeren) **7** (1971) 4, S. 645 – 648.

Kashiwagi, M., Folkes, M. J., Ward, I. M.: Die Messung der Molekülorientierung bei gerecktem Polymethylmethacrylat durch Breitlinienkernresonanz. Polymer, London **12** (1971) 11, S. 697 – 710.

Ginzburg, B. M., Sultanov, N., Frenkel', S. Ja.: Veränderungen in dem übermolekularen Aufbau von orientierten Polyäthylenfolien bei ihrer Umorientierung unter verschiedenen Winkelrichtungen. Vysokomol. Soed. (Hochmol. Verbind.) Serie A **13** (1971) 12, S. 2691 – 2698.

Schulz, R. C.: Taktizität bei Polykondensaten. J. prakt. Chemie **313** (1971) 3, S. 447 – 460.

Fischer, E. W., Goddar, H., Piesczek, W.: Beziehung zwischen der Struktur von gereckten Polymeren und der Molekülbewegung. J. Polymer Sci., C: Polymer Symposia (1971) 32, S. 149 – 192.

Loboda-Čačković, J., Hosemann, R., Čačković, H.: Superstrukturänderungen beim Tempern von linearem Polyäthylen. Kolloid-Z. u. Z. Polymere **247** (1971) 1/2, S. 824 – 829.

Stein, R. S.: Morphologie und Formänderung von kristallinen Polymeren. J. Polymer Sci., C: Polymer Symposia (1971) 32, S. 45 – 68.

Sultanov, M. A.: Untersuchung der Zerstörung von Polymerfolien unter Einwirkung von Laserstrahlen in Abhängigkeit von der Natur und der Struktur des Materials. Mech. Polimerov, Riga (Mech. der Polymeren) **7** (1971) 6, S. 1092 – 1093.

Bassett, D. C., Phillips, J. M.: Analogien zwischen der Kristallisation von gefalteten und gereckten Ketten von Polyäthylen. Polymer, London **12** (1971) 11, S. 730 – 740.

Fischer, E. W., Hinrichsen, G.: Schmelz- und Rekristallisationsvorgänge bei Polyäthylen-Einkristallen. Teil IV: Schmelzenthalpie und Grenzflächenenergie von Polyäthylen-Einkristallen. Kolloid-Z. u. Z. Polymere **247** (1971) 1/2, S. 858 – 865.

Harvey, E. D., Hybart, F. J.: Schmelzen und Kristallisation von Copolymeren von Polyamid 6.6 und Polyamid 6.10 mit Polyhexamethylenterephthalamid (Polyamid 6T) Polymer, London **12** (1971) 11, S. 711 – 716.

Gabrielli, G., Puggelli, M., Ferroni, E.: Monomolekulare Schichten von linearen Polymeren. J. colloid interface Sci. **32** (1970) 2, S. 242 – 247.

Akimbekov, Ch., Kuksenko, V. S., Narzullaev, B. N., Jastrebinskij, A. A.: Einwirkung von γ-Strahlen auf die Rißbildung und die mechanischen Eigenschaften von Polycaproamid (Kapron). Mech. Polimerov, Riga (Mech. der Polymeren) **7** (1971) 4, S. 756 – 758.

Ward, I. M.: Das Verhalten von Polymeren an der Fließgrenze. J. Polymer Sci., C: Polymer Symposia (1971) 32, S. 195 – 218.

Vinogradov, G. V., Malkin, A. Ja., Berežnaja, G. V., Bostandžijan, S. A., Stolin, A. M.: Normale Spannungen beim Fließen von anomal viskosen polymeren Systemen. 2. Versuchsergebnisse und ihr Vergleich mit den berechneten Daten. Mech. Polimerov, Riga (Mech. der Polymeren) **7** (1971) 4, S. 714 – 721.

Bartenev, G. M., Zelenev, Ju. V., Ljachovič, I. S.: Über die Beziehung zwischen den Verformungs- und den Ermüdungseigenschaften einiger kristalliner Polyolefine. Mech. Polimerov, Riga (Mech. der Polymeren) **7** (1971) 5, S. 886 – 892.

Jarceva, N. S., Perlin, S. M., Petrovskij, B. S.: Bestimmungsmethodik des Reibungskoeffizienten von polymeren Monofilen. Mech. Polimerov, Riga (Mech. der Polymeren) **7** (1971) 4, S. 729 – 731.

Basin, V. E.: Über einen Verfestigungseffekt von Polymerfolien. Mech. Polimerov, Riga (Mech. der Polymeren) **7** (1971) 4, S. 731 – 733.

Rojtberg, G. I., Kestel'man, V. N., Barčenkova, E. S., Gumargalieva, K. Z., Konstantinova, N. A.: Reibung und Verschleiß einiger Thermoplaste in physiologischer Lösung. Mech. Polimerov, Riga (Mech. der Polymeren) **7** (1971) 6, S. 1116 – 1119.

Zboržil, L. S., Ajnbinder, S. B., Betechtin, V. I., Slucker, A. I., Alksne, K. I., Petrov, A. I., Dzenis, A. A.: Einfluß des hydrostatischen Druckes auf die Bildung von Submikrorissen bei Dehnung von Polymeren. Mech. Polimerov, Riga (Mech. der Polymeren) **7** (1971) 5, S. 917 – 921.

Trapeznikov, A. A., Korotina, T. I.: Über das Verhältnis zwischen den normalen Spannungen, tangentialen Spannungen und elastischer Verformung in der prästationären Verformungsstufe von konzentrierten Polymerlösungen bei hohen Verformungsgeschwindigkeiten. Dokl. Akad. Nauk SSSR (Ber. Akad. Wiss. UdSSR) **201** (1971) 6, S. 1402 – 1405.

Molotkov, A. P., Zelenev, Ju. V., Bartenev, G. M.: Zur Frage der Voraussage der Verformungseigenschaften von Polymeren. Mech. Polimerov, Riga (Mech. der Polymeren) **7** (1971) 6, S. 1106 – 1109.

Perepelkin, K. E.: Intermolekulare Wechselwirkungen in fadenbildenden linearen Polymeren und einige mechanische Eigenschaften dieser Polymeren. Mech. Polimerov, Riga (Mech. der Polymeren) **7** (1971) 5, S. 790 bis 795.

Weick, D., Tsobanis, D.: Zur Berechnung thermischer Abstandsschwankungen in einem zweidimensionalen hexagonalen Gitter. Kolloid-Z. u. Z. Polymere **247** (1971) 1/2, S. 774 – 779.

Baur, H.: Bemerkungen zur Wärmeleitfähigkeit und Visko-Elastizität von Polymer-Festkörpern. Kolloid-Z. u. Z. Polymere **247** (1971) 1/2, S. 753 bis 762.

Bordelius, N. A., Semenčenko, V. K.: Über die thermodynamische Beständigkeit kristalliner Polymerer im Übergangsbereich. Mech. Polimerov, Riga (Mech. der Polymeren) **7** (1971) 4, S. 724 – 726.

Pavlinec, J., Kaloforov, N. J.: Thermischer Abbau einer Mischung von ataktischem Polypropylen und Polyvinylacetat European Polymer J. **7** (1971) 10, S. 1445 – 1453.

Osovskaja, I. I., Dymarčuk, N. P., Miščenko, K. P.: Thermochemische Untersuchung der Wechselwirkung zwischen Baumwollcellulose und Wasser bzw. wäßriger Natronlauge bei verschiedenen Temperaturen. Z. prikl. Chimii (Z. angew. Chemie) **44** (1971) 11, S. 2525 – 2528.

Timofeeva, G. I., Pavlova, S. A., Vinogradova, S. V., Tur, D. R.: Hydrodynamische Eigenschaften von Poly-2,5-(4',4''-diphenylenphthalid)-1,3,4-oxadiazol. Vysokomol. Soed. (Hochmol. Verbind.) Serie A **13** (1971) 12, S. 2653 – 2660.

Tjurikova, L. A., Averbuch, B. G., Moskvitin, N. I., K'otova, N. A.: Untersuchung der Radiostrahlungsparameter bei der Zerstörung der Adhäsion zwischen einem Polymeren und einem festen Körper. Dokl. Akad. Nauk SSSR (Ber. Akad. Wiss. UdSSR) **201** (1971) 4, S. 833 – 836.

Said-Galiev, Ė. E., Rodė, V. V., Koršak, V. V.: Photolyse von Poly-9,9-bis-(4-oxyphenyl)-fluorenterephthalat. Vysokomol. Soed. (Hochmol. Verbind.) Serie A **13** (1971) 11, S. 2466 – 2473.

Griščenko, A. E., Koz'mina, O. P., Chripunov, A. K., Cukermann, Ja. N.: Untersuchung der Photoelastizität einiger Cellulosederivate. Vysokomol. Soed. (Hochmol. Verbind.) Serie A **13** (1971) 11, S. 2404 – 2408.

Rijke, A. M., Mandelkern, L.: Bestrahlung von linearem Polyäthylen. Trennung zwischen Sol und Gel. Macromolecules, Washington **4** (1971) 5, S. 594 – 599.

Vajsberg, S. Ė., Sičkar', V. P., Karpov, V. L.: Untersuchung der Leitfähigkeit von Polymeren unter Einwirkung ionisierter Strahlung. Vysokomol. Soed. (Hochmol. Verbind.) Serie A **13** (1971) 11, S. 2502 – 2507.

Privalko, V. P., Lipatov, Ju. S.: Einfluß der Biegsamkeit der Molekülkette auf die Einfriertemperatur von linearen Polymeren. Vysokomol. Soed. (Hochmol. Verbind.) Serie A **13** (1971) 12, S. 2733 – 2738.

Tonelli, A. E.: Bemerkungen zur vorgeschlagenen Existenz einer lokalen Ordnung in amorphen Polymeren unterhalb der Einfriertemperatur entsprechend kalorimetrischen Untersuchungen. Macromolecules, Washington **4** (1971) 5, S. 653 – 654.

Troxell, T. C., Scheraga, H. A.: Elektrischer Dichroismus und Polymerkonformation. I. Theorie und optische Eigenschaften von anisotropen Medien sowie Meßverfahren. II. Theorie des elektrischen Dichroismus und Messungen an Poly-n-butylisocyanat. Macromolecules, Washington **4** (1971) 5, S. 519 – 527, 528 – 539.

Agherghinei, I.: Betrachtungen zur Einheitlichkeit von binären Copolymeren. Materiale plast., Bucureşti 8 (1971) 11, S. 585 – 586.

Barambojm, N. K., Rakitjanskij, V. F.: Mechanochemische Erscheinungen beim Extrudieren von Polypropylen/Polycaprolactam-Gemischen. Plast. Massy, Moskva (Plast. Massen) (1971) 11, S. 34 – 36.

Felter, R. E., Ray, L. N., jr.: Untersuchung der Adsorption von Polymeren an fest/flüssig-Grenzflächen mittels Gelchromatographie. I. Verteilung der rel. Molekülmasse längs der Adsorptionsisotherme. J. colloid interface Sci. **32** (1970) 2, S. 349 – 360.

Ališoev, V. R., Berezkin, V. G., Lašova, S. M., Mirzabaev, G. A., Petrov, G. N., Tolstopjatov, G. M., Viktorova, E. N.: Bestimmung der Zusammensetzung ternärer polymerer Systeme mit Hilfe der Pyrolyse-Gaschromatographie. Vysokomol. Soed. (Hochmol. Verbind.) Serie A **13** (1971) 12, S. 2777 bis 2784.

Alisoev, V. R., Berezkin, V. G., Tint, L. S., Mirzabaev, G. A.: Über die Wahl charakteristischer Peaks bei der Untersuchung von Polymeren mit Hilfe der Pyrolyse-Gaschromatographie. Vysokomol. Soed. (Hochmol. Verbind.) Serie A **13** (1971) 12, S. 2815–2818.

Grassie, N., McGuchan, R.: Pyrolyse von Polyacrylnitril und verwandten Polymeren. III. Thermische Analyse von vorerhitzten Polymeren. European Polymer J. **7** (1971) 10, S. 1357–1371.

Iržak, V. I., Kuzub, L. I., Enikolopjan, N. S.: Cyclisierung bei vernetzten Polymeren. Dokl. Akad. Nauk SSSR (Ber. Akad. Wiss. UdSSR) **201** (1971) 6, S. 1382–1384.

Kosobukin, V. A.: Zur Theorie der nichtlinearen Schwingungen von freien bzw. beanspruchten Polymermolekülen. Mech. Polimerov, Riga (Mech. der Polymeren) **7** (1971) 4, S. 579–585.

Tarnopol'skij, U. M., Roze, A. V., Žigun, I. G., Gunjaev, G. M.: Besonderheiten der Konstruktionen aus mit Hochmodul-Faserstoffen verstärkten Materialien. Mech. Polimerov, Riga (Mech. der Polymeren) **7** (1971) 4, S. 676–685.

Cassasa, E. F.: Deutung der Rayleigh-Streuung durch Polymere in Lösungsmittelmischungen. Makromol. Chemie **150** (1971) S. 251–254. (engl.)

Meichelbeck, H., Knittel, H.: Der alkalische Abbau von Wolle in Gegenwart von Tensiden. Melliand Textilber. internat. **52** (1971) 12, S. 1447–1450.

Levantovskaja, I. I., Kapovskaja, O. A., Andrianova, N. V., Kovarskaja, B. M.: Abbau von Polyäthylenterephthalat während der Synthese und bei der Verarbeitung. Plast. Massy, Moskva (Plast. Massen) (1971) 11, S. 46–48.

Bezdadea, E. C., Buruiană, E. C., Caraculacu, A.: Ungesättigte Endgruppen bei PVC. III European Polymer J. **7** (1971) 12, S. 1649–1660.

Ar'ev, A. M., Merzljakov, V. V.: Sauerstoffätzung von Polyamiden. Mech. Polimerov, Riga (Mech. der Polymeren) **7** (1971) 6, S. 1096.

Die „beiden" Teflon. VDI-Nachr. **26** (1972) 3, S. 11.

Physik und Chemie der Monomeren und Oligomeren

Iliescu, D. V., Obreja, G., Săndescu, F.: Untersuchung der Permanganatzahl von ε-Caprolactam mit Hilfe der Regressions- und der Korrelationsanalyse. Chim. analit. (Supl. Rev. Chimie, Bucureşti) **1** (1971) 4, S. 202–206.

Bykovskaja, L. A., Žarov, A. A., Kagan, A. S., Kazakevič, A. G., Enikolopjan, N. S.: Röntgenographische Untersuchung von Acrylamid und Propionamid bei hohen Drücken und gleichzeitigen Schubdeformationen. Dokl. Akad. Nauk SSSR (Ber. Akad. Wiss. UdSSR) **201** (1971) 5, S. 1140–1142.

Cervinskij, K. A., Nikiforov, Ju. N.: Einfluß der Beimischungen auf die Oxydationskinetik von p-Methyltoluylat. Chim. Prom. (Chem. Ind.) (1972) 1, S. 73.

Usova, É. P., Upadyševa, A. V., Mitina, L. I., Grigor'eva, N. D., Znamenskaja, A. P.: Identifizierung der hochsiedenden Beimischung im aus Acrylnitril hergestellten Adiponitril. Z. prikl. Chimii (Z. angew. Chemie) **44** (1971) 11, S. 2598.

Coniglio, O. B., Parts, A. G.: Die Aktivitäten von einigen in Wasser begrenzt löslichen Monomeren. Makromol. Chemie **150** (1971) S. 263–264. (engl.)

Heitz, W., Höcker, H., Kern, W., Ullner, H.: Darstellung und Eigenschaften von linearen Oligourethanen mit Phenylendgruppen und von cyclischen Oligourethanen aus Diäthylenglykol und Hexamethylendiisocyanat. Makromol. Chemie **150** (1971) S. 73–94.

Polymerisation

Gordon, M., Temple, W. B., Parker, T. G., Love, J. A.: Problemstellung und Forschungsstrategie für Polykondensationsprozesse. J. prakt. Chemie **313** (1971) 3, S. 411–421.

Haussmann, P., Greber, G.: Über die Synthese von organischen Polymergelen mit einheitlicher Maschenweite. Angew. makromol. Chemie, Basel **16/17** (1971) S. 325–344.

Cetlin, B. L., Golubev, V. N.: Matrizen-Synthese von Makromolekülen mit einer durch die Unterlage vorausbestimmten Verteilung von funktionellen Gruppen. Dokl. Akad. Nauk SSSR (Ber. Akad. Wiss. UdSSR) **201** (1971) 4, S. 881–883.

Tašmuchamedov, S. A., Sagdullaev, B. U., Larin, P. P., Chasanchanova, M. N., Kozin, G. M., Nurgalieva, F. F., Tillaev, R. S., Usmanov, Ch. U.: Synthese und Untersuchung physikalisch-chemischer Eigenschaften von Pfropfcopolymeren auf der Basis von Acetylcellulose und Polyvinylacetat. Vysokomol. Soed. (Hochmol. Verbind.) Serie A **13** (1971) 11, S. 2553 bis 2558.

Krjažev, Ju. G., Petrinska, V. B., Bajborodina, E. N., Brodskaja, E. I.: Gemeinsame Enthalogenierung von CCl_4 und monohalogensubstituierten Verbindungen als Methode zur Synthese von Polymeren mit einem System konjugierter Bindungen und mit verschiedenen seitlichen Substituenten. Vysokomol. Soed. (Hochmol. Verbind.) Serie A **13** (1971) 11, S. 2544 bis 2552.

Vasilescu, D. S.: Struktur und Reaktionsfähigkeit bei der Copolymerisation. III. Vorausbestimmung der Copolymerisationskonstanten. Materiale plast., Bucureşti **8** (1971) 11, S. 572–580.

German, A. L., Heikens, D.: Quantitatives gaschromatographisches Verfahren mit hoher Genauigkeit und dessen Anwendung zur Bestimmung der Copolymerisationskinetik. Analytic. Chem. **43** (1971) 14, S. 1940–1944.

Mengoli, G., Vidotto, G.: Elektrochemisch hergestellte 9.10-Di-phenylanthracenkationen als Initiatoren für Polymerisationsprozesse. Makromol. Chemie **150** (1971) S. 277–282. (engl.)

Sautin, S. N., Kulle, P. A., Smirnov, N. I.: Optimierung der Emulsionspolymerisation. Z. prikl. Chimii (Z. angew. Chemie) **44** (1971) 11, S. 2503 bis 2506.

Klesper, E., Gronski, W., Barth, V.: Untersuchung der Kinetik und Statistik der Sequenzbildung während polymeranaloger Reaktionen durch Computer-Simulation. Makromol. Chemie **150** (1971) S. 223–249.

Tosi, C.: Die statistische Zusammensetzung von Copolymeren beim „Penultimate" – Mechanismus der Copolymerisation. Makromol. Chemie **150** (1971) S. 199–208. (engl.)

Aleksandrova, T. M., Rogovin, Z. A., Sletkina, L. S., Čeburkov, Ju. A.: Modifizierung der Oberflächeneigenschaften von Cellulosematerialien durch Pfropfung von Fluoralkylacrylaten bzw. Fluoralkylmethacrylaten. Vysokomol. Soed. (Hochmol. Verbind.) Serie A **13** (1971) 11, S. 2595 bis 2600.

Muchamadaliev, D., Adylov, A., Ibragimov, F., Tašpulatov, Ju. T., Gafurov, T. G., Usmanov, Ch. U.: Synthese und Untersuchung von Pfropfcopolymeren auf der Basis von Cellulose und Methylmethacrylat/N-Vinylthiopyrrolidon-Gemischen. Vysokomol. Soed. (Hochmol. Verbind.) Serie A **13** (1971) 11, S. 2572–2576.

Vancsó-Szmercsányi, I., Szabó-Réthy, E., Hirschberg, P.: Über den Zusammenhang zwischen der Polyveresterung und katalytischen Hydrolyse. J. prakt. Chemie **313** (1971) 3, S. 502–510.

Sorokin, M. F., Kočnova, Z. A., Krivopalova, I. S.: Veresterungsmechanismus von Monocarbonsäuren. Plast. Massy, Moskva (Plast. Massen) (1971) 11, S. 10–12

Baddar, F. G., Nosseir, M. H., Messiha, N. N., Faltas, B. M.: Polyester. II. Die Polyveresterungsgeschwindigkeit von γ-Acrylitaconsäureanhydriden mit Äthylenglykol. European Polymer J. **7** (1971) 12, S. 1621–1628.

Šebenda, J., Kouřil, V.: Anionische Polymerisation von Caprolactam. XXXIX. Anzahl der pro Acylcaprolactammolekül gebildeten Polymermoleküle bei der Hochtemperaturpolymerisation. European Polymer J. **7** (1971) 12, S. 1637–1648.

Vasil'eva, I. V., Telešov, É. N., Pravednikov, A. N., Derjugina, L. D.: Isomerisierende Polycyclisierung. Synthese und Eigenschaften von Polyiminoimiden. Dokl. Akad. Nauk SSSR (Ber. Akad. Wiss. UdSSR) **201** (1971) 4, S. 850–853.

Evstaf'ev, V. P., Braz, G. I., Jakubovič, A. Ja., Šalygin, G. F.: Azolanaloge von Polypyromellithimiden. Vysokomol. Soed. (Hochmol. Verbind.) Serie A **13** (1971) 11, S. 2565–2571.

Fel'dštejn, L. S., Kuzminskij, A. S.: Über die Löslichkeit von Antioxydantien in Polyäthylen. Plast. Massy, Moskva (Plast. Massen). (1971) 11, S. 52–53.

Knjazeva, T. V., Aleksandrova, T. A., Medvedeva, P. A., Rozenberg, M. É., Tjažlo, N. I.: Synthese eines thermoplastischen Polyvinylalkohols. Plast. Massy, Moskva (Plast. Massen) (1971) 11, S. 8–9.

Ikeda, M., Hirano, T., Tsuruta, T.: Metallorganische Verbindungen mit Lewis-Basen. I. Polymerisation von Vinylverbindungen durch Komplexe von metallorganischen Verbindungen und Lewis-Basen. Makromol. Chemie **150** (1971) S. 127–135. (engl.).

Nikolaev, A. F., Belogorodskaja, K. V., Romanova, O. S., Šugina, É. S.: Über die Molekülcharakteristiken von durch Emulsionspolymerisation in Gegenwart des K-Salzes der Monohydrofluorpelargonsäure hergestelltem Polyvinylacetat. Z. prikl. Chimii (Z. angew. Chemie) **44** (1971) **11**, S. 2591 bis 2593.

Koršak, V. V., Sergeev, V. A., Šitikov, V. K., Vol'pin, M. E., Kolomnikov, I. S.: Polycyclotrimerisierung als neue Herstellungsmethode von Polymeren mit aromatischen Ringen in der Kette, Vysokomol. Soed. (Hochmol. Verbind.). Serie B: Kratkie Soobšč. (Kurzmitt.) **8** (1971) 12, S. 873.

Géczy, I., Nasr, H. I.: Polymerisation von Acrylamid mit dem Redoxsystem $K_2S_2O_8$/Ascorbinsäure in wäßriger Lösung bei Zimmertemperatur. Acta chim. Acad. Sci. hung. **70** (1971) 4, S. 319–327.

Chapiro, A., Peric, L.: Strahlungschemische Polymerisation von Acrylamid in Medien unterschiedlicher Art. European Polymer J. **7** (1971) 10, S. 1335 bis 1355. (franz.)

Topčiev, D. A., Karaputadze, T. M., Kabanov, V. A.: Herstellung eines stereoregulären Polymeren bei der radikalischen Polymerisation von Acrylatanion in wäßrigen Lösungen. Vysokomol. Soed. (Hochmol. Verbind.) Serie B: Kratkie Soobšč. (Kurzmitt.) **8** (1971) 12, S. 874–875.

Korotkov, A. A., Krasulina, V. N., Novoselova, A. V.: Polymerisation von Acrylnitril in Dimethylformamid unter Einfluß anionischer Katalysatoren. Vysokomol. Soed. (Hochmol. Verbind.) Serie A **13** (1971) 12, S. 2661–2666.

Kaeriyama, K.: Polymerisation von Styrol durch das System Methylacetylacetonat/Phenanthrolin. Makromol. Chemie **150** (1971) S. 189–197. (engl.)

Kleiner, V. I., Krencel', B. A., Stockaja, L. L., (Schreibweise i. Orig.: Krentsel, B. A., Stotskaya, L. L.)*:* Über die Besonderheiten der ionischen Koordinationspolymerisation von Vinylcyclohexan. European Polymer J. **7** (1971) 12, S. 1677–1692.

Smirnov, Ju. N., Volkov, V. P., Rozenberg, B. A., Enikolopjan, N. S.: Polymerisation von Trioxan in Gegenwart von Oligoformalen. Plast. Massy, Moskva (Plast. Massen) (1971) 12, S. 8–10.

Misaki, T., Otsu, T.: Die Polymerisation von Trioxan mit Metallacetylacetonaten in Gegenwart von Acylchloriden. Makromol. Chemie **150** (1971) S. 273–275. (engl.).

Tereščenko, G. P., Šul'gina, É. S., Trofimova, E. A., Char'kova, A. M., Brojtman, A. Ja., Korneva, T. D., Salivon, N. Ja., Nikolaev, A. F.: Untersuchung der Eigenschaften von Vinylpyrolidon/Crotonaldehyd-Copolymeren im Zusammenhang mit ihren Synthesebedingungen. Z. prikl. Chimii (Z. angew. Chemie) **44** (1971) 11, S. 2507–2511.

Vinogradova, S. V.: Gesetzmäßigkeiten der Polykondensation von Dicarbonsäurechloriden mit Bisphenolen. J. prakt. Chemie **313** (1971) 3, S. 397 bis 410.

Braun, D., Becker, K. H.: Aromatische Pinacole als Polymerisationsinitiatoren. IEC. Ind. engng. Chem./Product R & D **10** (1971) 4, S. 386–388.

Sonderfragen

Paczóski, J., Prot, T.: Die in der Signal- und Bildaufzeichnungstechnik einsetzbaren hochmolekularen Verbindungen. Polimery, Warszawa **16** (1971) 8, S. 360–364.

Kasatočkin, V. I., Kazakov, M. E., Savranskij, V. V., Nabatnikov, A. P., Radimov, N. P.: Synthese einer neuen allotropen Form von Kohlenstoff aus Graphit. Dokl. Akad. Nauk SSSR (Ber. Akad. Wiss. UdSSR) **201** (1971) 5, S. 1104–1105.

II. Faserstoffe. Ausgangsstoffe usw.

Moncrieff, R. W.: Physiologische Faserforschung. Internat. Dyer, Textile Printer Bleacher, Finisher **146** (1971) 11, S. 632–634.

Naturfaserstoffe

Pflanzliche Faserstoffe

Voroncova, N. G.: Elektrochemische Veredlung von Bastfaserband. Izv. vysšich uč. Zav. Technol. tekstil. Prom. (Hochschulnachr. Technol. Textil-Ind.) (1971) 4, S. 45–48.

Mruk, St.: Die Erzeugung von Leinengarn mit Koplonanteil nach dem Naß- und Trockenspinnverfahren. Przegl. włókienn. (Textil-Rdschr.) **25** (1971) 9, S. 445–446.

Botev, D., Coneva, A.: Charakteristik der Flachsfasern nach der Farbe. Tekstil. Prom., Sofija (Textil-Ind.) **20** (1971) 9, S. 440–444.

Tierische Faserstoffe

Eine Mittagsdebatte im Internationalen Wollsekretariat. Ind. textile, Paris (1971) 1005, S. 629–630.

Henning, H.-J., Merx, D.: Notiz über die Veränderungen des Wollfaserdurchmessers vom ungefärbten bis zum industriell gefärbten Kammzug und bis zum Garn. Melliand Textilber. internat. **52** (1971) 12, S. 1368 bis 1372.

Chemiefaserstoffe

Heterofil-Faser und -Seide. Textile Manuf. **98** (1971) 1161, S. 20.

Cellulose und Zellstoff

Simonson, R.: Hemicellulosen im Sulfataufschlußverfahren. Svensk Papperstidn. **74** (1971) 21, S. 691–700. (engl.)

Norin, T.: Holzchemische Aspekte der Sauerstoffbleiche. Svensk Papperstidn. **74** (1971) 22, S. 767–770.

Regeneratfaserstoffe

Seliverstova, V. M., Barabanov, N. N., Aleksandrov, Ju. A.: Automatische Kontrolle der Essigsäureanhydridkonzentration in Essigsäure/Methylenchlorid-Lösungen von Celluloseacetat mit Versuchsplanung. Zavodsk. Labor., Moskva (Betriebslabor) **37** (1971) 11, S. 1306–1308.

Libonas, Ju. Ju., Šjupenis, A. P., Paskevičjus, V. V.: Untersuchung des Einflusses der wiederholten Zugspannung auf den thermischen Abbau von Triacetat-Faserstoff. Mech. Polimerov, Riga (Mech. der Polymeren) **7** (1971) 6, S. 1114–1116.

Synthetische Faserstoffe

Laszkiewicz, B.: Erspinnen von Faserstoffen aus mit Phosphorigsäure modifiziertem Polyvinylalkohol und ihre Eigenschaften. Polimery, Warszawa **16** (1971) 8, S. 378–381.

Dawczynski, H.: Entwicklungstendenzen bei Akrylnitrilfaserstoffen in Forschung und Produktion. Dt. Textiltechnik **21** (1971) 12, S. 739–744.

Michajlova, L. P., Antonov, A. N.: Herstellung von selbstverstärkenden und selbstbindenden Materialien auf der Basis von Polyvinylchlorid-Faserstoffen. Plast. Massy, Moskva (Plast. Massen) (1971) 12, S. 30–33.

Kreskov, A. P., Svistunova, G. P., Švecova, L. N., Emelin, E. A., Kočetova, V. A.: Bestimmung von N-methyl-α-pyrrolidon in Spinnbädern. Zavodsk. Labor., Moskva (Betriebslabor) **37** (1971) 12, S. 1427–1429.

Tichomirov, V. B., Vovčuk, A. I.: Entwicklungsperspektiven für die Produktion von aus Folien hergestellten Textilien. Tekstil. Prom., Moskva (Textil-Ind.) **31** (1971) 10, S. 58–60.

Künstliche mineralische Faserstoffe

Trostjanskaja, E. B., Kobec, L. P., Gunjaev, G. M.: Untersuchung des Elastizitätsmoduls von Kohlenstoff-Fäden. Mech. Polimerov, Riga (Mech. der Polymeren) **7** (1971) 5, S. 846–850.

Ausgangsstoffe. Schaumstoffe. Kautschuk

Thermoplastisches Polyester-Elastomer. VDI-Nachr. **26** (1972) 3, S. 12.

III. Fäden-Herstellungstechnologien

Spinnerei. Zwirnerei

Tichomirova, A. I.: Einfluß des prozentualen Anteils der Mischungskomponenten auf die Fasermigration im Garn. Izv. vysšich uč. Zav. Technol. tekstil. Prom. (Hochschulnachr. Technol. Textil-Ind.) (1971) 4, S. 66–69.

Marinič, V. Ja.: Einfluß der Luftströme von den Spinnmaschinen auf den Luftwechsel im Saal. Izv. vysšich uč. Zav. Technol. tekstil. Prom. (Hochschulnachr. Technol. Textil-Ind.) (1971) 5, S. 107–110.

Die Pavena-Konzeption — ein frischer Wind in der Textilindustrie. Melliand-Textilber. internat. **52** (1971) 12, S. 1357–1361.

Spinnereivorbereitung

Zul'janov, S. Z., Baltabaev, S. D., Chubanov, Ch. I.: Einfluß des Nutenneigungswinkels auf den Walzenegrenierprozeß. Izv. vysšich uč. Zav. Technol. tekstil. Prom. (Hochschulnachr. Technol. Textil-Ind.) (1971) 4, S. 41–42.

Ivanov, S. N., Bykadorov, R. V.: Zum Problem der Fadenlegung auf der Spinn-Zwirnmaschine PK-100. Izv. vysšich. uč. Zav. Technol. tekstil. Prom. (Hochschulnachr. Technol. Textil-Ind.) (1971) 4, S. 60–64.

Davydov, V. Ja.: Der Arbeitsschutz bei der Verarbeitung von Baumwolle schlechter Sorten. Tekstil. Prom., Moskva (Textil-Ind.) **31** (1971) 10, S. 26–28.

Emmanuel', M. V., Ševeleva, I. S.: Berechnung der zum Strecken auf Doppelnadelstabstrecken erforderlichen Zugkräfte. Izv. vysšich uč. Zav. Technol. tekstil. Prom. (Hochschulnachr. Technol. Textil-Ind.) (1971) 4, S. 53–56.

Simon, L.: Mechanische Bandquerschnittsmessung an Regulierstrecken. Dt. Textiltechnik **21** (1971) 12, S. 744–749.

Maciejewski, J.: Prüfung der Anwendung von Strecken mit effektivem Streckwerk bei der Verspinnung von kurzen Flachsfasern. Przegl. włókienn. (Textil-Rdsch.) **25** (1971) 9, S. 451–458.

Belogolovcev, S. D., Surkova, T. A.: Bogenlänge der Faserabnahme an der Karde. Izv. vysšich uč. Zav. Technol. tekstil. Prom. (Hochschulnachr. Technol. Textil-Ind.) (1971) 5, S. 38–43.

Novikov, V. M., Zernova, I. B., Dejkun, V. A.: Verbesserung der Qualität des Bandes von automatischen Legemaschinen. Tekstil. Prom., Moskva (Textil-Ind.) **31** (1971) 10, S. 28–29.

Spinnerei

Übernahme des Offen-End-Spinnens in einem französischen Unternehmen. Vêtir, Paris (1971) 157/158, S. 52–53.

Smirnov, V. I., Karasev, G. I.: Zum Problem der Beurteilung der Größe des Drehmoments, das den Falschdraht im Vorgarn hervorruft. Izv. vysšich uč. Zav. Technol. tekstil. Prom. (Hochschulnachr. Technol. Textil-Ind.) (1971) 5, S. 47–49.

Godula, D., Kolaciński, T.: Analyse des Drallgebungsprozesses bei spindellosen Spinnmaschinen. Przegl. włókienn. (Textil-Rdsch.) **25** (1971) 8, S. 399–403.

Horbach, W.: Die Fortschritte in der Kamm- und Streichgarnspinnerei. Ind. textile, Paris (1971) 1005, S. 633–646.

Erzeugnisse der Spinnerei und Zwirnerei

Rösch, M., Pfabe, S.: Über die Veränderung der Oberflächenbeschaffenheit von Faser- und Endlosgarnen. Melliand Textilber. internat. **52** (1971) 12, S. 1361–1367.

Texturfäden

Zareckas, S.-G. S., Libonas, Ju. Ju., Paškevičjus, V. V., Paulauskajte, D. I.; Rimkunajte, D. P.: Einfluß der Texturierparameter auf den Fixiergrad von Triacetatfaserstoffen. Izv. vysšich uč. Zav. Technol. tekstil. Prom. (Hochschulnachr. Technol. Textil-Ind.) (1971) 5, S. 15–18.

Lünenschloß, J.: Texturiermaschinen. Textil-Praxis internat. **26** (1971) 11, S. 670–673.

Mikut, R., Unger, E.-W.: Prüfung der Volumeneigenschaften von Texturfäden. Teil 3. Lichtspaltmethode mit Spaltbreitenmodulation-Spekol-Meßansatz. Dt. Textiltechnik **21** (1971) 12, S. 755–759.

IV. Flächengebilde-Herstellungstechnologien

Materialvorbereitung

Stelzer, G.: Neuerungen in der Webereivorbereitung. II. Tex, Doetinchem/Nd. **30** (1971) 11, S. 26–28.

Čikvašvili, D. Š.: Über die Ungleichmäßigkeit der Kettfadenspannung von Viskoseseide beim Abwinden von den Vorbäumen. Izv. vysšich uč. Zav. Technol. tekstil. Prom. (Hochschulnachr. Technol. Textil-Ind.) (1971) 5, S. 66–68.

Machover, V. L.: Experimentelle Untersuchung des Ausgleichs der durchschnittlichen Fadenspannungen von unterschiedlichen Vorbäumen. Izv. vysšich uč. Zav. Technol. tekstil. Prom. (Hochschulnachr. Technol. Textil-Ind.) (1971) 4, S. 79–85.

Smirnov, A. V., Parfenov, D. L.: Einfluß des Feuchtegehalts und der Spannung auf den Garnverzug im Trockenapparat der Schlichtmaschine. Izv. vysšich uč. Zav. Technol. tekstil. Prom. (Hochschulnachr. Technol. Textil-Ind.) (1971) 4, S. 76–78.

Weberei

van Gorp, P. J. M.: Bandwebmaschinen. Tex, Doetinchem/Nd. **30** (1971) 11, S. 30–32.

Weberei-Technologie

Gutin, B. D., Bočarev, M. A., Mitjaev, G. G., Bezdudnyj, F. F., Nikitina, L. N.: Wege zur Erhöhung der Arbeitsproduktivität der Weber bei der Bedienung von pneumatischen Webmaschinen. Tekstil. Prom., Moskva (Textil-Ind.) **31** (1971) 10, S. 37–40.

Gliner, M. I., Žodzišskij, G. A.: Matrizenverfahren zum Programmieren von Mustern für Doppelgewebe. Izv. vysšich uč. Zav. Technol. tekstil. Prom. (Hochschulnachr. Technol. Textil-Ind.) (1971) 4, S. 89–93.

Serost'janov, P. A.: Zusammenhang zwischen der Garn- und Gewebeungleichmäßigkeit. Izv. vysšich uč. Zav. Technol. tekstil. Prom. (Hochschulnachr. Technol. Textil-Ind.) (1971) 4, S. 132–136.

Milašene, L. I., Matukonis, A. V.: Auswahl eines Verfahrens zur Bestimmung der Weiterreißfestigkeit von aminierten Geweben. Izv. vysšich uč. Zav. Technol. tekstil. Prom. (Hochschulnachr. Technol. Textil-Ind.) (1971) 4, S. 24–27.

Erzeugnisse der Weberei

Polesskaja, S. F., Konkin, A. A., Sapronova, A. G., Rožkova, V. V.: Über die Möglichkeit zur Herstellung von Geweben aus modifizierter Wolle. Tekstil. Prom., Moskva (Textil-Ind.) **31** (1971) 10, S. 21–23.

Šimajtis, S. A., Veržbolauskas, L. R.: Einfluß der Polschicht und ihrer Parameter auf die Schallabsorption der Teppichböden. Izv. vysšich uč. Zav. Technol. tekstil. Prom. (Hochschulnachr. Technol. Textil-Ind.) (1971) 5, S. 23–28.

Gakyk, I. S., Siemak, B. D., Nessonowa, G. D., Charcharov, A. A.: Einfluß einiger Faktoren auf die Luftdurchlässigkeit von Mantelgeweben. Przegl. włókienn. (Textil-Rdsch.) **25** (1971) 9, S. 497–499.

Heimtextilien. Melliand Textilber. internat. **52** (1971) 12, S. 1443.

Sonstige Technologien

Wallner, E.: Litzenherstellung in der Seilerei. Praxisnahe Betrachtung über Schlaglängen, Drehungen, Verseil- und Flechtwinkel sowie über den Einfluß von Faden- und Faserzahlen. II. Teil. Band- u. Flechtind. (1971) 4, S. 207–212. (dt., engl., franz.)

Pneumatischer Schußeintrag für große Breiten. Zusatzdüsen transportieren den Schußfaden. Textilbetrieb **89** (1971) 12, S. 1134.

Strazd, G. E.: Einfluß der Lamellenvorrichtung auf die Kettfadendeformierung. Izv. vysšich. uč. Zav. Technol. tekstil. Prom. (Hochschulnachr. Technol. Textil-Ind.) (1971) 5, S. 63–66.

Wirkerei und Strickerei. Konfektion. Sonstige Technologien

Cann, H. A.: Der Einsatz kleiner Computer zur Überwachung von Strick- und Wirkmaschinen. Brit. Knitting Ind. **44** (1971) 504, S. 67, 69–70.

Wirkerei- und Strickerei-Technologie

Blank, J.: Wirkereimaschinen. Textil-Praxis internat. **26** (1971) 11, S. 674–676.

Gross, D.: Polyesterfaserstoffe nehmen bei Rundstricksortimenten die erste Stelle ein. Knitting Times **40** (1971) 29, S. 21–38.

Erzeugnisse der Wirkerei und Strickerei

Möck, W.: Die dynamische Entwicklung der Veredlung von Maschenwaren heute und morgen. Melliand Textilber. internat. **52** (1971) 12, S. 1451–1454.

Beardsworth, J. W.: Die Wirtschaftlichkeit des Strickens von einfachem Jersey. Brit. Knitting Ind. **44** (1971) 504, S. 79–82.

Konfektion

Duprez, M., Verbrugge, J.: Die Klimatisierung in den Konfektionsbetrieben. Vêtir, Paris (1971) 157/158, S. 55–61.

Textilverbundstoffe

Munteanu, V.: Spezifische physikalisch-mechanische Eigenschaften einiger wichtiger Gruppen von Textilverbundstoffen. Ind. textilă, București **22** (1971) 11, S. 701–705.

Faserverbundstoffe. Vliesstoffe

Szalkowski, Z., Święcicka, E.: Prüfung der Herstellungsmethode: mit Schaumlatex verklebte Faserverbundstoffe. Przegl. włókienn. (Textil-Rdsch.) **25** (1971) 9, S. 446–450.

Ruszkowski, K.: Prüfungen der Erzeugnisse von nach dem Verfahren der Imprägnierung und Absaugung geklebter Vliesstoffe. Przegl. włókienn. (Textil-Rdsch.) **25** (1971) 8, S. 403–405.

Schlese, G.: Vliesstoffe — ein entwickelungsfähiger Markt. Aus Faservliesen werden non wovens. Textilbetrieb **89** (1971) 12, S. 1126–1133.

Belov, B. I., Eterman, A. I., Šapiro, R. B.: Untersuchungen auf dem Gebiet der Bindemittel für Vliesstoffe. Izv. vysšich uč. Zav. Technol. tekstil. Prom. (Hochschulnachr. Technol. Textil-Ind.) (1971) 4, S. 116–120.

Fadenverbundstoffe

Klibanov, S. T., Bogdanova, A. A.: Vollmechanisierte Abteilung zur Herstellung von Vliesstoffen. Tekstil. Prom., Moskva (Textil-Ind.) **31** (1971) 10, S. 60–62.

Erth, D., Neubert, W.: Die Herstellung von textilen Fußbodenbelägen nach dem Nähwirk-Verfahren. Melliand Textilber. internat. **52** (1971) 12, S. 1407–1413.

V. Textilveredlung

Maklašin, A. I.: Die Arbeiten des IvNITI bei der Schaffung des technischen Fortschritts in der Veredlungsindustrie. Tekstil. Prom., Moskva (Textil-Ind.) **31** (1971) 10, S. 62–66.

Senner, P.: Veredlungsmaschinen. III. Tex, Doetinchem/Nd. **30** (1971) 11, S. 39–44.

Wiedemann, G., Frenzel, H.: Zur Veredlung von Textilglaserzeugnissen für Raumtextilien. Dt. Textiltechnik **21** (1971) 12, S. 759–762.

Farbstoffe, Textilhilfsmittel

Schödel, E.-O.: Reaktivfarbstoffe auf Nylon. Die Lanasolfarbstoffe. Textilbetrieb **89** (1971) 12, S. 1150–1152.

Nestojter, Z. S.: Prüfung des Präparats Rolavin. Tekstil. Prom., Moskva (Textil-Ind.) **31** (1971) 10, S. 73–74.

Vlasova, L. A., Kuznecov, E. V.: Bis-(tri-β,β',β''-chlormethyl)äthylester der Methylphosphonsäure als neues Zusatzmittel für die Herstellung flammfester Polymerer. Plast. Massy, Moskva (Plast. Massen) (1971) 11, S. 26–27.

Bleicherei. Sonstige Vorbehandlungsverfahren der Textilveredlung

Gromov, V. F., Voronkov, M. G., Bel'cov, V. M.: Bleichen von Baumwollfäden mit Wasserstoffperoxid unter Verwendung von Polyalkylsilanon als Stabilisatoren und Appreturmittel. Izv. vysšich uč. Zav. Technol. tekstil. Prom. (Hochschulnachr. Technol. Textil-Ind.) (1971) 5, S. 95–96.

Valu, Fl., Iliescu, E.: Möglichkeiten der Anwendung des elektrischen Hochspannungsfeldes im Bleichprozeß. Ind. textilă, București **22** (1971) 11, S. 697–700.

Gochban, M. I.: Organisation und Mechanisierung der Arbeiten in den Warenschauabteilungen von Veredlungsbetrieben. Tekstil. Prom., Moskva (Textil-Ind.) **31** (1971) 10, S. 67–70.

Färberei

Schnellfärbeverfahren mit Flottenzirkulation. Vêtir, Paris (1971) 157/158, S. 64–67.

Mielicki, J.: Einige physikalisch-chemische Probleme beim Färben mit Dispersionsfarbstoffen. Przegl. włókienn. (Textil-Rdsch.) **25** (1971) 8, S. 405–411.

Škrobyševa, V. I., Mel'nikov, B. N.: Die Rolle des Methylenchlorids beim Färben von Lavsan mit Dispersionsfarbstoffen. Izv. vysšich uč. Zav. Technol. tekstil. Prom. (Hochschulnachr. Technol. Textil-Ind.) (1971) 5, S. 92–95.

Das Färben der Wolle mit Hilfe des Klotz-Kaltverweil-Verfahrens. Vêtir, Paris (1971) 161, S. 60–64.

Seidel, G.: Stand der kontinuierlichen Färbeverfahren unter Berücksichtigung ihrer Anwendungsmöglichkeiten im Industriezweig Wolle und Seide. Dt. Textiltechnik **21** (1971) 12, S. 749–755.

Richter, P.: Über das Thermosolfärben von Maschenware aus texturierten Polyesterfäden. Textil-Praxis internat. **26** (1971) 11, S. 690–692.

Starikovič, E. E., Egorova, O. E.: Färben von Polyäthylenfaserstoffen mit dispergierten Metallkomplexfarbstoffen. Tekstil. Prom., Moskva (Textil-Ind.) **31** (1971) 10, S. 72–73.

Janiszewski, K.: Einfluß der Färbefaktoren auf den pH-Wert beim Färben von Polyacrylnitrilfaserstoffen. Przegl. włókienn. (Textil-Rdsch.) **25** (1971) 9, S. 468–475.

Druckerei

Koval', V. V., Sadov, F. I.: Emulsionsverdickungen zum Drucken mit Küpenfarbstoffen unter Verwendung von Lanolin als Emulgierungsmittel. Izv. vysšich uč. Zav. Technol. tekstil. Prom. (Hochschulnachr. Technol. Textil-Ind.) (1971) 4, S. 96–100.

Schwab, H.: Welche Aussichten hat das „Ausbrenn"-Drucken heute? Internat. Dyer, Textile Printer, Bleacher, Finisher **146** (1971) 11, S. 637–640.

Ausrüstung. Trocknung

Men'šikova, M. D.: Veränderung der Gebrauchseigenschaften von Geweben nach der Ausrüstung auf der Gewebeschrumpfmaschine. Izv. vysšich uč. Zav. Technol. tekstil. Prom. (Hochschulnachr. Technol. Textil-Ind.) (1971) 4, S. 33–36.

Wandel, M.: Herstellung von textilen Fußbodenbelägen durch Kaschierung einer Polyamid-Wirkware auf eine Unterschicht. Melliand Textilber. internat. **52** (9171) 12, S. 1430–1435.

Wolle ist von Natur aus flammresistent, sie kann aber mit Hilfe von „Wool T.T." eine 30–100%ige Verbesserung erfahren. Textile Manuf. **98** (1971) 1161, S. 36–38.

Bille, H. E.: Neue Aspekte von baumwollenen Bettlaken mit Bügelarmausrüstung. Textile Manuf. **98** (1971) 1161, S. 33–35.

Iliev, B., Bakŭrdžieva, St.: Untersuchung über den Einfluß des Thermofixierens von Polyamid-Cordseide Widilon. Tekstil. Prom., Sofija (Textil-Ind.) **20** (1971) 9, S. 434–437.

Wäscherei. Chemische Reinigung

Dambmann, C., Holm, P., Jensen, G.: Neue Fortschritte auf dem Gebiet der Enzyme für Waschmittel. Invest. Inform. textil, Barcelona **14** (1971) 4, S. 555–570.

Derr, P. F.: Phosphate in Waschmitteln und die Umwelt. Invest. Inform. textil, Barcelona **14** (1971) 4, S. 541–552.

Schraud, A.: Allgemeine Gesetzmäßigkeiten des Stoffüberganges bei Breitwaschprozessen. Melliand Textilber. internat. **52** (1971) 12, S. 1426–1430.

VI. Werkstoffprüfung. Meß- und Prüftechnik. Standardisierung

Eigenschaften und Fehler der Textilmaterialien u. a.

Heap, S. A.: Verbesserung der Faserstruktur von Baumwolle. Textilveredlung, Weinfelden/Schweiz **6** (1971) 9, S. 584–589.

Urbanczyk, G. W.: Über Änderungen der mechanischen Eigenschaften von Polyäthylenterephthalatfaserstoffen infolge Thermofixierung — neue Erkenntnisse über die Faserstruktur. Przegl. włókienn. (Textil-Rdsch.) **25** (9171) 8, S. 393–399.

Androsov, V. F., Bondarenko, V. S., Zaktreger, L. I.: Zusammenhang der Diffusionskoeffizienten mit den elektrokinetischen Eigenschaften eines Kapronfilms in Säurefarbstoffflotten. Izv. vysšich uč. Zav. Technol. tekstil. Prom. (Hochschulnachr. Technol. Textil-Ind.) (1971) 4, S. 104 bis 108.

Miščenko, A. V., Artym, M. I.: Untersuchung der Eigenschaften der Wasserlösungen von Leuko-Küpenfarbstoffen. Izv. vysšich uč. Zav. Technol. tekstil. Prom. (Hochschulnachr. Technol. Textil-Ind.) (1971) 4, S. 100–104.

Hackenberg, H.-W.: Demoskopische Bewertungsmethoden bekleidungshygienischer Trageversuche. Bekleid. u. Maschenware **10** (1971) 6, S. 278.

Meß- und Prüftechnik

Wegener, W., Feier, G.: Die Verwendung der Autokorrelationsfunktion in der textilen Meßtechnik. Melliand Textilber. internat. **52** (1971) 12, S. 1372–1379.

Aschner, G. S.: Prüfung der elastischen Dehnung. Textile Manuf. **98** (1971) 1161, S. 21–25, 29, 31.

Perlin, S. M., Jarceva, N. S., Petrovskij, B. S.: Methodik zur Prüfung des Verhaltens von Polymer-Monofilen bei Kompression in Radikalrichtung. Mech. Polimerov, Riga (Mech. der Polymeren) **7** (1971) 6, S. 1112–1114.

Ašnin, N. M.: Zum Problem der Qualitätsbeurteilung von Kammzug in der Kammgarnspinnerei. Izv. vysšich uč. Zav. Technol. tekstil. Prom. (Hochschulnachr. Technol. Textil-Ind.) (1971) 4, S. 58–60.

Jurkevičjus, S. I., Jankunas, A. A., Indrjunas, Ju. P.: Dauerfestigkeitsuntersuchungen an polyfilen Seiden. Izv. vysšich uč. Zav. Technol. tekstil. Prom. (Hochschulnachr. Technol. Textil-Ind.) (1971) 4, S. 30–33.

Žukov, V. I., Jakovlev, V. V.: Über die Möglichkeit zur Bestimmung des Gleichgewichts-Feuchtegehalts von Faserstoffen nach dem refraktometrischen Verfahren. Izv. vysšich uč. Zav. Technol. tekstil. Prom. (Hochschulnachr. Technol. Textil-Ind.) (1971) 4, S. 28–30.

Wegener, W., Merkle, R.: Automatische Registrierung der kritischen Lösezeit, Lösetemperatur und Schmelztemperatur von synthetischen Fasern. Textil-Praxis internat. **26** (1971) 11, S. 659–662.

Müller, K., Rais, J., Rouette, H. K., Schefer, W., Zollinger, H.: Vergleich von Methoden zur Charakterisierung des Vernetzungszustandes hochveredelter Baumwollgewebe. Textilveredlung, Weinfelden/Schweiz **6** (1971) 9, S. 569–582.

Kortje, W.: Wie brennen Teppichböden? Der „arc-plane-tester" ein neues Flammprüfgerät. Textilbetrieb **89** (1971) 12, S. 1149.

de Castellar, M. D.: Gravimetrische Methoden zur Bestimmung der Faserhäkchen und der Parallelisierung von Baumwollfasern. Invest. Inform. textil, Barcelona **14** (1971) 4, S. 531–539.

Standardisierung. Terminologie

Norwick, B.: Angemessene Stoffstandards: Grundlage zur Festlegung der Qualität. Knitting Times **40** (1971) 29, S. 60–62.

Uhlmann, R. H.: Terminologie der Wirkerei und Strickerei. Melliand Textilber. internat. **52** (1971) 12, S. 1424–1425.

VII. Betriebstechnik. Ökonomie. Tagungsberichte und dgl.. Sonderfragen

Betriebstechnik

Bergmann, L.: Nadelfilze, ein Nonwoven-Produkt für die industrielle Entstaubung. Melliand Textilber. internat. **52** (1971) 12, S. 1397–1401.

Steiner, M.: Was kann die Textilindustrie in den nächsten zehn Jahren vom Maschinenbau erwarten? Textil-Praxis internat. **26** (1971) 11, S. 649–653.

Šichov, V. N.: Über die Größe der elektrostatischen Aufladungen auf Maschinen der Textilindustrie. Izv. vysšich uč. Zav. Technol. tekstil. Prom. (Hochschulnachr. Technol. Textil-Ind.) (1971) 4, S. 164–166.

Ökonomie

Brunnschweiler, E.: Faserproduktion und -verbrauch. Textilveredlung. Weinfelden/Schweiz **6** (1971) 9, S. 589–592.

Krysiński, St.: Beurteilungen der Organisation eines Industrieunternehmens (am Beispiel eines Baumwollunternehmens). Przegl. włókienn. (Textil-Rdsch.) **25** (1971) 9, S. 494–496.

Vajn, A. S., Gitel'son, C. I.: Perspektiven der Standortverteilung von Polymeren auf Erdölbasis produzierenden Werken. Plast. Massy, Moskva (Plast. Massen) (1971) 12, S. 3–6.

Denisov, V. L.: Die wissenschaftliche Arbeitsorganisation in den Betrieben der Leichtindustrie. Tekstil. Prom., Moskva (Textil-Ind.) **31** (1971) 10, S. 1–5.

Sonderfragen

Dawes, M. I.: Kunststoffe in der Medizin. Nachrichten Chemie Technik **19** (1971) 21, S. 388–389. In: Angew. Chemie **83** (1971) 21.

Beh, F.: Leitfaden der textilen Fertigung für Maschinenführer und Industriemeister der Spinnerei. Textil-Praxis internat. **26** (1971) 11, S. 663–665.

Selke, R.: Kollektive Literaturbearbeitung. Praktische Erfahrungen aus dem Bereich der chemischen Forschung (Informationsartikel). Z. Chemie **11** (1971) 11, S. 416–419.

Quantitative organische Mikroanalyse

Von Dr. JOACHIM RIEMER

1966. 130 Seiten · 36 Abbildungen · 8° · M 8,—

Bestell-Nr. 7600249 (7029)

Die quantitative organische Mikroanalyse wird gegenwärtig als substanz- und zeitsparende Analysenmethode in vielen Zweigen der organischen Chemie angewendet. Der vorliegende Band gibt einen ersten Einblick in ein wichtiges Spezialgebiet der organischen Chemie.
Der Leser wird nicht nur mit den bekanntesten Analysenverfahren vertraut gemacht, sondern er lernt auch die mikroanalytische Arbeitsweise kennen. Trotz der notwendigen Kürze ist das Taschenbuch die Grundlage für ein tieferes Studium der quantitativen organischen Mikroanalyse und wird sowohl für Hoch- und Fachschul-Studenten als auch für Praktiker eine handliche Informationsquelle sein.

AKADEMIE · VERLAG · BERLIN

Chemische Thermodynamik

Von Dr. WOLFGANG WAGNER

2., verbesserte Auflage
1968. 190 Seiten · 21 Abbildungen
2 Tabellen · 8° · M 8,—
Bestell-Nr. 7600433 (7006)

Der Autor behandelt in diesem Buch in gedrängter Übersicht das Gesamtgebiet der klassischen chemischen Thermodynamik in bezug auf die theoretischen Grundlagen und die praktische Anwendung. Er gibt Hinweise auf Teilgebiete, wie beispielsweise die statistische Thermodynamik.

Pharmazeutische Chemie

Von Prof. Dr. GÜNTHER WAGNER
und Dr. HANS KÜHMSTEDT

3., verbesserte Auflage
1970. 289 Seiten · 8° · M 8,—
Bestell-Nr. 7600054 (7007)

Trotz der durch die gebotene Kürze bedingten Beschränkung auf die für eine moderne Therapie wesentlichsten Arzneimittel wurde in diesem Band auf eine einfache Aufzählung verzichtet. Der Stoff wurde, um die Entwicklung des Arzneischatzes zusammenhängend darstellen zu können, nach pharmakologischen Gesichtspunkten gegliedert. Bei den wichtigsten Arzneimitteln — meist synthetische organische Verbindungen oder Naturstoffe — wird nicht nur auf die chemische Struktur und die Wirkung, sondern auch auf die Möglichkeiten der synthetischen Darstellung bzw. Isolierung, der Analytik und der Stabilität eingegangen.

THEORIA CUM PRAXI

AKADEMIE · VERLAG · BERLIN

31712